JN274592

成蹊大学アジア太平洋研究センター叢書

分散システム：P2Pモデル

滝沢　誠
榎戸智也　共著

コロナ社

まえがき

　本書は，成蹊大学アジア太平洋研究センター（CAPS）の一叢書であり，著者の一人（滝沢）が成蹊大学理工学部に在職していた，2009年度から2012年度の4年間にわたり行われた同センターの共同研究プロジェクト「アジア太平洋地区のPeer-to-Peer（P2P）オーバレイ・ネットワークでのピア間の信用可能性の研究」の成果を同センターの助成を受けてまとめたものである。
　インターネットの普及・発展により，コンピュータ，携帯電話，家電製品，センサといった世界中のさまざまな情報機器がネットワークにより相互接続され，多様な分野で幅広く利用されるようになっている。複数のコンピュータ上のプロセスがたがいにメッセージ通信を行いながら協調動作するわけであるが，膨大な数のプロセスから構成されるシステムでは，システムを構成するすべてのプロセスの状態を把握することが困難となる。本研究では，分散システムの形態の中で，各プロセスが対等であるP2Pモデルを対象としている。ここでは，対等なプロセスをピア（peer）という。各ピアは，自分が通信を行える他のピア（知人ピア）との交信を通じてシステムの状態を把握する必要がある。ここで，知人ピアが保有している情報は最新のものではないかもしれないし，故障などにより誤っているかもしれない。したがって，各ピアは，知人ピアをどの程度信用できるかを決定することが重要となる。ピアが知人ピアの信用可能性を決めることは，人間社会で，各個人が他人をどのように信用するかに類似している。本研究プロジェクトは，人間社会で個人間の信用関係が形成される過程を考察することを通じて，P2Pモデルの分散システムにおいてピアが協調動作するのに必要なプロトコルを開発することが目的だった。このプロジェクトは，成蹊大学，立正大学，福岡工業大学といった国内の大学のみならず，ラトローブ大学（豪），モナシュ大学（豪），カーテン大学（豪），ウィーン工科大学

（オーストリア），淡江（タンカン）大学（台湾）などの海外の大学も加えた国際プロジェクトであり，会議やセミナーも各国で開催し，研究成果をとりまとめてきた。

　本書では，共同研究の成果だけでなく，情報システムにおいて中心的な役割を果たす「分散システム」の基礎となるアーキテクチャ，概念，理論，方式についてもまとめている。分散システムを学習・研究しようとするときに必要となる基礎的な知識を本書から得ることができる。

　本書の刊行にあたり，共同プロジェクトのスポンサーである成蹊大学アジア太平洋研究センターに，まず感謝の意を表したい。特に，滝沢が2013年4月に成蹊大学理工学部から法政大学理工学部に異動したにもかかわらず，共同プロジェクトの研究成果を書籍としてまとめることを温かくご支援いただいた。本書の図表などの作成，整理を行った法政大学大学院理工学研究科の研修生 Dilawaer Doulikun 氏に感謝する。最後に，編集，校正などに尽力いただいたコロナ社に感謝したい。

2014年2月

滝沢　誠・榎戸智也

目 次

1. はじめに

1.1 情報システムの動向 ……………………………… *1*
1.2 本書の構成 ………………………………………… *4*

2. 分散システムの基礎

2.1 分散システムとは ………………………………… *6*
  2.1.1 分散システム ……………………………… *6*
  2.1.2 同期型と非同期型システム ……………… *9*
  2.1.3 制御 ………………………………………… *12*
2.2 プロセス …………………………………………… *13*
2.3 イベントの順序 …………………………………… *15*
2.4 全体状態 …………………………………………… *17*
2.5 論理時計 …………………………………………… *19*
  2.5.1 時計 ………………………………………… *19*
  2.5.2 線形時間 …………………………………… *20*
  2.5.3 ベクタ時間 ………………………………… *22*

3. ネットワーク

3.1 プロトコル ………………………………………… *26*
  3.1.1 OSI参照モデル …………………………… *27*
  3.1.2 TCP/IP と OSI 参照モデル ……………… *29*
3.2 ネットワークインタフェース層 ………………… *31*
  3.2.1 ネットワーク形態 ………………………… *31*

3.2.2　信号伝送方式 …………………………………… 32
　　3.2.3　媒体アクセス制御 ………………………………… 32
　　3.2.4　フレームの転送形態 ……………………………… 34
　　3.2.5　イーサネット ……………………………………… 34
　　3.2.6　その他のデータリンクプロトコル ……………… 37
　3.3　ネットワーク層 ………………………………………… 38
　　3.3.1　IP ……………………………………………………… 38
　　3.3.2　ARP …………………………………………………… 46
　　3.3.3　ICMP ………………………………………………… 47
　3.4　トランスポート層 ……………………………………… 47
　　3.4.1　ポート番号 …………………………………………… 48
　　3.4.2　TCP …………………………………………………… 48
　　3.4.3　UDP …………………………………………………… 53

4. グループ通信

4.1　グループ ………………………………………………… 55
4.2　マルチキャスト ………………………………………… 56
　4.2.1　基本マルチキャスト ………………………………… 57
　4.2.2　信頼性のあるマルチキャスト ……………………… 58
4.3　メッセージの順序保証 ………………………………… 62
　4.3.1　送信順序 ……………………………………………… 62
　4.3.2　全順序 ………………………………………………… 63
　4.3.3　因果順序 ……………………………………………… 67

5. トランザクション管理

5.1　トランザクション ……………………………………… 69
5.2　同時実行制御 …………………………………………… 71
　5.2.1　トランザクションの実行方式 ……………………… 71
　5.2.2　直列可能性 …………………………………………… 73
　5.2.3　アボートからの復旧 ………………………………… 78

5.2.4　二相ロック……………………………………………………… *81*
　　　5.2.5　デッドロック…………………………………………………… *84*
　　　5.2.6　時刻印順序方式………………………………………………… *88*
　　　5.2.7　楽観的同時実行制御…………………………………………… *90*
　5.3　コミットメント制御…………………………………………………… *92*
　　　5.3.1　障　　　　害…………………………………………………… *92*
　　　5.3.2　二相コミットメントプロトコル……………………………… *92*
　　　5.3.3　終結プロトコル………………………………………………… *95*
　　　5.3.4　復　　　　旧…………………………………………………… *97*

6.　セキュリティ

　6.1　安全なシステム………………………………………………………… *98*
　　　6.1.1　主体とオブジェクト…………………………………………… *98*
　　　6.1.2　オブジェクトの安全性………………………………………… *99*
　　　6.1.3　安全な通信路…………………………………………………… *100*
　　　6.1.4　分散システムの安全性………………………………………… *101*
　6.2　暗　　　　　　号……………………………………………………… *102*
　　　6.2.1　暗号化と復号…………………………………………………… *102*
　　　6.2.2　秘密鍵暗号……………………………………………………… *102*
　　　6.2.3　公開鍵暗号……………………………………………………… *104*
　6.3　認　　　　　　証……………………………………………………… *104*
　　　6.3.1　ディジタル署名………………………………………………… *104*
　　　6.3.2　ディジタル証明書……………………………………………… *105*
　6.4　アクセス制御…………………………………………………………… *107*
　　　6.4.1　アクセス規則…………………………………………………… *108*
　　　6.4.2　アクセスマトリクス…………………………………………… *108*
　　　6.4.3　アクセス制御方式……………………………………………… *110*
　6.5　情報流制御……………………………………………………………… *113*
　　　6.5.1　不正な情報流…………………………………………………… *113*
　　　6.5.2　束モデル………………………………………………………… *114*
　　　6.5.3　強制アクセス制御モデル……………………………………… *117*

7. フォールトトレラント分散システム

- 7.1 故障 ································· *118*
  - 7.1.1 故障の種類 ························ *118*
  - 7.1.2 信頼性と可用性 ····················· *120*
- 7.2 多重化方式 ····························· *121*
- 7.3 チェックポイント ······················· *122*
  - 7.3.1 チェックポイントの取得 ············· *122*
  - 7.3.2 ロールバック ······················· *126*
- 7.4 プロセスの複製 ························· *127*
  - 7.4.1 プロセスの複製方法 ················· *127*
  - 7.4.2 能動的複製化 ······················· *127*
  - 7.4.3 受動的複製化 ······················· *128*
  - 7.4.4 準能動的複製化 ····················· *130*
- 7.5 合意 ··································· *131*
  - 7.5.1 合意プロトコル ····················· *131*
  - 7.5.2 非同期型システムでの合意 ··········· *132*
  - 7.5.3 ビザンティン合意 ··················· *132*
  - 7.5.4 署名付きビザンティン合意 ··········· *137*

8. P2Pシステム

- 8.1 P2Pモデル ······························ *139*
- 8.2 信用可能性 ····························· *142*
  - 8.2.1 主観的信用可能性 ··················· *143*
  - 8.2.2 客観的信用可能性 ··················· *146*
  - 8.2.3 自信度 ····························· *148*
- 8.3 エコ分散システムのモデル ··············· *149*
  - 8.3.1 消費電力測定実験結果 ··············· *149*
  - 8.3.2 計算ピアの消費電力モデル ··········· *154*

引用・参考文献 ································ *159*
索引 ·· *165*

1 はじめに

クラウドコンピューティングシステムなどの現在の情報システムは，ネットワークによって相互接続された種々のコンピュータにより構成されている．こうした情報システムは，分散システム（distributed system）と呼ばれる．分散システムを構成するコンピュータ上で，応用プログラムが実行される．

1.1 情報システムの動向

インターネット（Internet）の普及と発展により，TCP/IP などのプロトコルの国際標準化と，Linux や Windows などのプラットフォームの共通化が進み，情報システムの相互運用性（interoperability）が高まってきている．これにより，世界中のコンピュータが相互接続され，世界規模での大規模な情報システムが構築され，種々の応用（アプリケーション）が利用されるようになる．さらに，PC（personal computer），サーバといったコンピュータに加えて，携帯電話，家電製品，センサ，車載機器といった多種多様な情報機器が，インターネットなどのコンピュータネットワークにより相互接続される．「もののインターネット」（internet of things; IoT）といわれるように，情報機器のみならず，洋服，家畜などのあらゆる「もの」が相互接続される時代になる．

1960 年代には，IBM などが開発した大型汎用コンピュータにデータベースシステムが実装され，応用プログラムが実行され，複数の端末からアクセスされる集中型のシステムが企業などで広く利用された．1980 年代には，PC などの

小型のコンピュータが登場し，イーサネットを中心としたローカルエリアネットワーク（local area network; LAN）が普及し，情報システムはネットワークを中心とした形態に変化した。ネットワークにより，1台の大型汎用コンピュータに頼るより，複数の小型コンピュータを相互接続するシステム構成にするほうが，価格対性能比の点で有利になった。このことを，情報システムのダウンサイジング（downsizing）という。

このように，現在の情報システムは，ネットワークで相互接続された複数の種々のコンピュータから構成される。これらのシステムの多くは，サーバ（server）がデータベースシステムなどのサービスを提供し，クライアント（client）が応用プログラムを実行する，「クライアント/サーバモデル」であった。クライアントの応用プログラムは，サーバにサービス要求しながら処理をする。また，応用プログラムを実行する応用サーバと，利用者インタフェースのクライアントに分離した3階層（3-tier）モデルも用いられてきた。さらに，クラウドコンピューティングシステム（cloud computing system）では，HDDなどの2次記憶装置などのハードウェア，OS，さらにデータベースシステムなどのミドルウェアといった種々のサービスを提供する数千台から数十万台のサーバが相互接続されたクラウドを，利用者インタフェース機能のみを備えた軽量なクライアント（thin client）が，ウェブなどを介して利用する。

クライアント/サーバモデルに対して，各コンピュータがサーバにもクライアントにもなれる対等なものでピア（peer）と呼ばれるP2P（peer-to-peer）モデルも，Skypeなどで利用されてきている。クライアント/サーバモデルは，企業などが統合的な管理体制のもとで運用管理するシステムであるが，P2Pモデルでは，統合的な管理体制はなく，各ピアが自律的に動作する分散型の管理が行われている。P2Pモデルは，大規模性（scalability）や耐故障性に優れ，今後の情報システムの新しいモデルとなってきている。さらに，P2Pモデルの分散システムは，中央コントローラが存在しない完全分散型かつ大規模なものであり，自律的なピアから構成されることから，各ピアはシステム全体の構成を知ることができない。このため，各ピアは通信を行えるピア（知人ピア）に問

い合わせ，さらに知人ピアがその知人ピアに問い合わせるというように，ネットワーク内に問合せを拡散させる．ここで，ピアが知人ピアをどの程度信用できるかが重要となる．この問題は，人間社会で個人が信用関係を形成していく過程を考察することにより解決できる．

　さらに，京都議定書に示されているように，エコな社会を実現するために，情報システムでの消費電力を低減することが求められている．CPU，メモリ，HDDなどのハードウェアの低電力化が進められているが，これに加えて，ソフトウェア実行時における情報システム全体の電力の節減が必要である．これまで，計算時間，通信時間といった性能面の最適化を目的としたアルゴリズムが研究され，利用されてきた．性能についての最適化に加えて消費電力を最小化する新しいアルゴリズムが求められている．例えば，クライアントの要求を処理するサーバを複数の中から一つ選択するとき，応答時間のみならず消費電力も最小化するサーバ選択アルゴリズムである．

　こうした情報システムを利用するためには，ネットワーク上に分散する複数のコンピュータ上に応用を構築していく必要がある．各コンピュータで実行される応用プログラムをプロセス（process）という．このように，複数のコンピュータ上で実行されるプロセス同士がネットワーク上でメッセージを送受信して協調動作するシステムを，**分散システム**（distributed system）という．分散システムでは，各プロセスはネットワークを介して，メッセージを送受信することで他のプロセスと通信が行われる．このことから，各プロセスが送信したメッセージが他のプロセスに届くまでの遅延時間が必ず存在する．プロセス間のルータの数，輻輳の具合などにより，プロセス間の遅延は大きくなることがある．また，他のプロセスの状態は，そのプロセスからメッセージが届かない限りわからない．さらに，各プロセスが読むことができるコンピュータの物理時計は，同一時刻を示さない．複数のコンピュータ上の複数のプロセスから構成される分散システムは，こうした制約のもとで，複数のプロセスの協調動作を実現していかなければならない．分散システムでは，一つのコンピュータ上で複数のプロセスが実行されるシステムに対して，これらの点を新たに考え

ることが必要となる。

本書では，こうした分散システムの基礎となるアーキテクチャ，概念，理論，方式についての体系的な解説を行う。

1.2 本書の構成

2章では，分散システムを考える上で重要な基本概念について述べる。分散システムとはなにかを述べ，プロセス，分散システムの全体状態，および論理時間について述べる。特に，分散システムでプロセス間の同期をとるために重要な役割を果たす論理時間として，線形時間とベクタ時間を解説する。

3章では，初めに，分散システムを構築する上で重要な基盤システムとなるネットワークのプロトコル階層構造について述べる。ISO（国際標準化機構）で開発されたOSI（Open Systems Interconnection）参照モデルのプロトコル階層化の考え方を説明する。つぎに，分散システムを構築するための汎用通信基盤であるプロトコル体系（スタック）として，TCP/IPについて述べる。TCP/IPは二つのプロセス間の1対1の通信サービスを提供するが，分散システムでは，複数プロセス間での多対多の通信サービスが必要になる。

4章では，信頼性および順序性を保証した複数プロセス間での多対多の通信サービスを実現するグループ通信（group communication）について述べる。上述のように，分散システムでは，複数のプロセスがたがいに送受信し合うグループ通信が新たに必要となる。特に，グループ通信では，各プロセスはメッセージを因果順序順に配送しなければならない。そこで，論理時間を用いた因果順序配送方式について説明する。

5章では，ネットワーク上に分散したファイルやデータベースなどの情報資源（オブジェクト）を操作する処理単位であるトランザクション（transaction）と，その制御方法について述べる。複数のトランザクションが，あるデータを競合して利用するための同時実行制御を解説する。複数のトランザクションを

並行して実行するときの正しさの根拠となる直列可能性を説明し，同期方式として，ロック，時刻印，楽観的方式について述べる．また，複数のデータベースシステムを原子的に操作するためのコミットメント制御について考える．

　6章では，安全な (secure) 分散システムおよびアプリケーションを実現するための技術について述べる．システムの安全性を考えるときに重要になる暗号技術，認証技術を解説する．つぎに，利用者がオブジェクトを操作するためのアクセス権（パーミッション）を付与するアクセス制御モデルについて説明する．利用者とオブジェクト間で生じる不正な情報流を制御する問題について考える．

　7章では，分散システム内で生じる種々の故障に対処する方法について考える．初めに，分散システムでの故障について述べる．つぎに，故障に対して分散システムを正しく動作させるための技術である多重化方式，具体的には時間多重化と空間多重化について述べる．時間多重化として，複数のプロセス間で同期をとりながらチェックポイントを取得する手法を説明する．ついで，プロセスの複製 (replica) プロセスを複数設ける方法について述べる．

　8章では，分散システムを考える上で重要なモデルの一つであるP2P (peer-to-peer) モデルについて述べる．P2Pモデルは対等なプロセス（ピア; peer）から構成され，各ピアが自律的に動作する完全分散型のシステムである．P2Pモデルが分散型であることから，各ピアは，自分が通信できるピア（知人ピア）からネットワーク内の情報資源についての情報を得なければならない．このために，ピア間の信用可能性 (trustworthiness) について考える．さらに，P2Pモデルの分散システムは膨大な数のコンピュータから構成されるため，各コンピュータでピアを実行するための消費電力を抑えたエコモデルが重要である．そこで，各コンピュータがプロセスの実行に消費する電力に関するモデルを解説する．

2 分散システムの基礎

　分散システムは，複数のプロセスが相互にメッセージ通信を行いながら協調動作するシステムである．プロセスが複数のコンピュータに分散していることにより，一つのコンピュータから構成されるシステムとは異なるさまざまな特徴がある．本章では，分散システムを考えるときに重要な基本概念として，プロセス，システムの状態，論理時間などについて述べる．

2.1 分散システムとは

2.1.1 分散システム

　一つのコンピュータ内の種々の計算資源が複数の利用者により利用されるシステムは，**集中システム**（centralized system）と呼ばれている．データベースシステムなどの計算資源は，一つのコンピュータに存在する．これに対して，近年の情報システムでは，複数のコンピュータがインターネットなどのコンピュータネットワークにより相互接続されて，利用されるようになってきた．例えば，データベースサーバを複数の端末 PC から利用するシステムでは，サーバや PC といった複数のコンピュータが，イーサネットのようなローカルエリアネットワーク（LAN），無線ネットワーク，広域ネットワークなどの種々のネットワークを介して相互接続されている．このように，複数のコンピュータから構成される情報システムは，一般に分散型（distributed）のシステムと呼ばれている．本章では，分散システム（distributed system）とはなにかについて考える．ネッ

トワークについては3章で述べる。

各コンピュータで実行されるプログラムはプロセス (process) と呼ばれる。分散システムでは，複数のコンピュータ上に分散した複数のプロセスが，ネットワークでメッセージをたがいに送受信することにより，協調動作が行われる。こうした分散システムは，以下のように定義される。

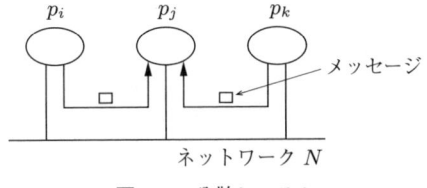

定義 2.1　（分散システム）

分散システム (distributed system) とは，複数のプロセス $p_1, \cdots, p_n$ ($n \geq 2$) がコンピュータネットワークによりメッセージ通信を行いながら，ある目的を達成するように協調動作するシステムである（図 2.1）。

```
    p_i      p_j      p_k
    ◯        ◯        ◯
    │   ┌────┤   ┌────┤
    │   │□   │   │□ ←── メッセージ
    └───┴────┴───┴────┘
           ネットワーク N
```

図 2.1　分散システム

プロセスとは，プログラムの実行状態であり，システムの処理単位である。プロセスの間で行われる通信を，**プロセス間通信** (inter-process communication) という。分散システムの主要な特徴は，プロセス間の通信がメッセージ通信である点である。分散システムに類似したシステムとして，**並列システム** (parallel system) がある。並列システムは，プロセス間で**共有メモリ** (shared memory) を介して通信するシステムである（図 2.2）。ここでは，プロセス p_i はメモリ内の領域にメッセージを書くことにより送信を行う。ついで，他のプロセス p_j は，メモリ内に書かれたメッセージを読むことによりメッセージを受信する。このように，メモリへの書込みと読出しにより，プロセス p_i と p_j の間で通信が行われる。図 2.2 では，プロセス p_i がメモリにメッセージを書き込み，他のプロセス p_j と p_k がこのメッセージを読むことを示している。

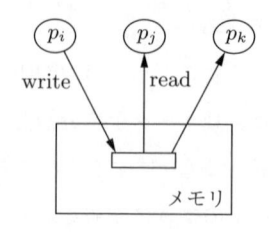

図 2.2 共有メモリ

分散システムの特徴の一つとして，プロセスは他のプロセスとネットワークによりメッセージを送信，受信することにより通信を行う点がある．このように，プロセス間通信がネットワークでの**メッセージ通信**（message passing）によって行われることから，分散システムでは以下の点を考える必要がある．

1. プロセス p_i によりメッセージ m が送信されてから，宛先のプロセス p_j にメッセージ m が届くまでに，遅延（delay）時間がある．
2. 各プロセス p_i は，他のプロセス p_j の状態を，プロセス p_j からメッセージを受信することによってのみ知ることができる．
3. 各プロセス p_i が利用する物理時計は，同じ時刻を示すとは限らない．

例えば，夜空の星を見て「この星は，いま存在しているか」を考えるとしよう．10 光年の距離にある星からの光が地球に届くのには，10 年かかる．この 10 年が，地球と星の間の遅延時間である．このために，地球上のわれわれは，この星が 10 年前に存在していたことがわかるだけであり，それ以降のことはわからない．このように，プロセス p_i は，他のプロセス p_j からメッセージを受信したとき，そのメッセージをプロセス p_j が送信したときのプロセス p_j の状態がわかるのみであり，それ以降のことはわからない．これに対して，共有メモリ方式の通信では，メモリを見ることにより，他のプロセスの現時点の状態を知ることができる．分散システムでは，プロセス間の遅延時間は μs（マイクロ秒）から ms（ミリ秒）程度ではあるが，ゼロにすることはできない．ネットワーク内のメッセージの伝播速度はどんなに速くても光速である．実際には，メッセージがネットワーク内のルータを経由することにより，遅延は μs から ms の程度になる．

図 **2.3** では，プロセス p_i から他のプロセス p_j にメッセージ m を送信している。プロセス p_i がメッセージ m の先頭のビットを送信してから，このビットが宛先のプロセス p_j に届くまでの時間 d が**遅延時間**（delay time）である。また，プロセス p_i で，メッセージ m の先頭のビットを送信してから最後のビットを送信するまでの時間 t は，**転送時間**（transmission time）である。メッセージ m の転送時間 t は，ネットワークの**転送速度**（transmission rate）b〔bps〕に対して，$|m|/b$ となる。ここで，$|m|$ はメッセージ m のサイズ（ビット）を示す。プロセス p_i がメッセージ m の通信を始めてから，宛先プロセス p_j がメッセージ m を受信し終えるまでの時間は，$t+d$ となる。

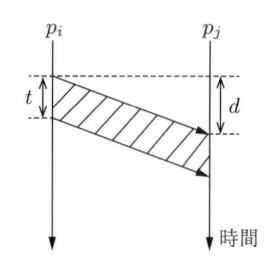

図 **2.3** 遅延時間と転送時間

2.1.2 同期型と非同期型システム

各コンピュータは，内部に時計（物理時計）を備えている。物理時計は，**NTP**（network time protocol）[1]† などで時間サーバと同期がとられている。また，GPS 時計，電波時計が用いられ，より正確な時刻を示すようになってきている。このように同期された物理時計でも，μs から ms 単位での誤差がある。この誤差が小さいように見えるが，コンピュータは一つの命令を ns（ナノ秒）程度で実行することから，誤差の時間内に 10^3 から 10^6 程度の命令が実行できてしまう。この意味で，各コンピュータの物理時計が示す時刻は同じとは限らない。

分散システムでは，各プロセス p_i は他のプロセス p_j の状態を，メッセージ通信を通じてのみ知ることができる。プロセス p_i がメッセージ m_i を他のプロ

---

† 肩付き番号は巻末の引用・参考文献を示す。

セス p_j に送信したとする．プロセス p_j は，m_i を受信したら，処理を行い，応答メッセージ m_j をプロセス p_i に送信する．プロセス p_i は，応答メッセージ m_j を受信するまでにどれくらい時間がかかるかを考える．このとき，プロセス p_i にとって，メッセージ m_i を送信してから応答メッセージ m_j を受信するまでの**応答時間**（response time）の最大値 r が定まっているかどうかが問題となる．応答時間の上限 r が定まっている場合をまず考える．

プロセス p_i は，メッセージ m_i の送信後，時間 r の間待っても応答メッセージ m_j をプロセス p_j から受信できないならば，以下のことが起きていると考えることができる（図 **2.4**）．

1. プロセス p_j がメッセージ m_i を受信できなかった．
2. プロセス p_j はメッセージ m_i を受信して応答メッセージ m_j を送信したが，プロセス p_i が受信できなかった．
3. プロセス p_j はメッセージ m_i を受信する前，またはメッセージ m_j を送信する前に故障していた．

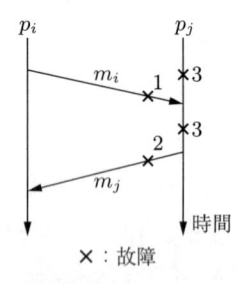

図 2.4 ネットワーク

1 と 2 は，ネットワークでメッセージ紛失が起きている場合を示している．3 は，プロセス p_j が故障して停止している場合を示している．プロセス p_j がメッセージ m_i の受信前または，受信後でメッセージ m_j の送信前に故障している．

このとき，プロセス p_i は，なんらかの故障があったと理解して，メッセージ m_i を再送することになる．プロセスが応答メッセージを一定時間待って受信できなかったとき，**タイムアウト**（time out; TO）したという．タイムアウトし

たら，プロセス p_i はなんらかの故障があったと理解して，再度メッセージ m_i をプロセス p_j に**再送信**（retransmission）し，応答を待つ．タイムアウトと再送信を一定回数繰り返しても，プロセス p_j からの応答メッセージを得られないならば，プロセス p_i は，プロセス p_j が故障していると判断する．タイムアウト機構を利用できない場合は，プロセスは応答メッセージを待ち続けることになる．分散システムでは，各プロセスのタイムアウト機構は重要である．

このように各プロセス間の応答時間の上限が決まっているシステムは，**同期型**（synchronous）と呼ばれる．一方，応答時間の上限が定まらないシステムは，**非同期型**（asynchronous）と呼ばれる．分散システムは，プロセスとネットワークから構成されることから，プロセスとネットワークにも同期型と非同期型がある．プロセスは，各命令の実行時間の上限が定まっているときに同期型であるといい，そうでないときに非同期型であるという．ネットワークは，各プロセス間の遅延時間の上限が定まっているときに同期型，そうでないときに非同期型という．すべてのプロセスとネットワークが同期型のとき，分散システムは同期型であるといい，そうでないときは非同期型という．すなわち，非同期型システムは，プロセスまたはネットワークが非同期型であるシステムである．非同期型の分散システムに対しては以下の性質が成り立つ[2]．

定理 2.1 （不可能性定理）
　　分散システムが非同期型であるとき，各プロセスは，故障をタイムアウト機構により検出することはできない．

現実の情報システムの多くは，非同期型である．各プロセスでは，タイムアウト時間を設定しないと，最悪の場合は無限時間待ち続けることとなる．このため，タイムアウト/再送により，他のプロセス p_j を故障と見なしてしまう．しかしながら，非同期型システムでは，プロセス p_j は故障しているとは限らない．このように，プロセス p_i のプロセス p_j についての認識と，プロセス p_j の実際の状態が矛盾することがある．

2.1.3 制　　　御

分散システムを考えるときの重要な点として，システム全体の管理をだれが行うかがある。つまり，コンピュータのデータベースシステムなどの計算資源の所在，アクセス権についての情報をどこで保有し管理するかがある。これには分散型と**集中型**がある。集中型のシステムでは，システム全体を管理する中央コントローラが存在する。このコンピュータにシステム全体の情報が存在している。クライアント/サーバシステム，クラウドコンピューティングシステムは集中型である。これに対して，分散型のシステムでは，集中型のような中央コントローラが存在しない。このために，各プロセスは，分散システム内の計算資源の所在を自分自身で見つけなければならない。P2P（peer-to-peer）システムがこの例である。

分散システムの代表的なモデルとして，**クライアント/サーバモデル**（client-server model）がある（図 2.5）。**クライアント**（client）は利用者とシステムのインタフェースであり，サービス要求（request）をサーバに送信する。**サーバ**（server）とは，あるサービスを提供するプロセスである。データベースサーバはサーバの代表的な例である。クライアントからの要求を受け取ると，これを処理し，結果を応答（response）としてクライアントに送信する。例えば，クライアントから SQL をデータベースサーバに送信すると，データベースサーバは SQL を処理し，結果をクライアントに返す。

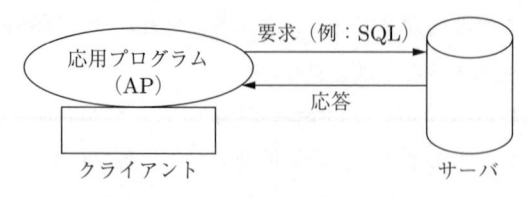

図 2.5 クライアント/サーバモデル

クライアントでは，サーバを利用する応用プログラムが実行される。このプログラムでは，サーバに対する要求の送信と応答の受信の詳細な手順を書かずに，手続きを呼び出すように書ける（図 2.6）。これを，**遠隔手続き呼出し**（remote

図 2.6　RPC

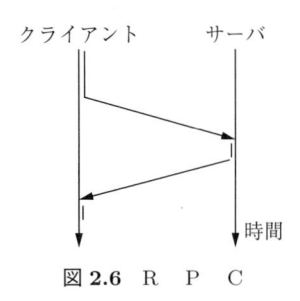

procedure call; RPC）と呼ぶ．遠隔手続き呼出しを用いることにより，応用プログラムの開発が容易になる．

2.2　プロセス

　分散システムは，複数のプロセスが，ネットワークを介してメッセージ通信をしながら協調動作を行うシステムである．**プロセス**（process）とは，プログラムの実行状態である．具体的には，**図 2.7** に示すように，プロセスはコンピュータの主記憶（メモリ）内に存在し，**テキスト部**と**データ部**から構成される．テキスト部には，命令の系列が記憶され，順番に命令が実行される．C言語などのプログラムをコンパイルすると，機械語からなる実行形式プログラムが作成され，2次記憶に記憶される．この実行形式プログラムを実行するときには，機械語がメモリに読み込まれて，プロセスのテキスト部となる．データ部は，プロセスで利用される変数を記憶するための領域で，**スタック**（stack）**領域**と**ヒー**

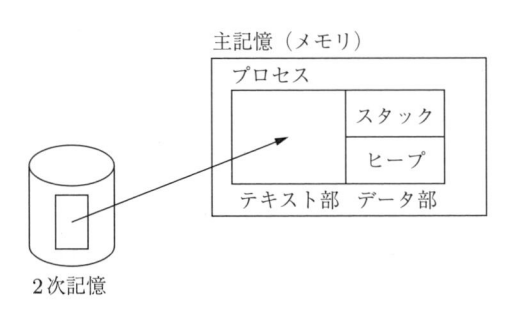

図 2.7　プロセス

プ (heap) 領域から構成される。スタック領域は，関数の局所変数の領域である。関数が呼び出されると，関数内で利用される局所変数の領域がスタック領域に確保され (push down)，関数が終了すると解放される (pop up)。関数内で別の関数が呼び出されると，スタック領域にさらに変数領域が確保されていく。C言語では **malloc 関数**により必要なサイズのメモリがヒープ領域内に確保される。スタック領域とは違い，関数が終了しても領域は解放されず，**free 関数**によって明示的に解放される必要がある。このように，プロセスは，データ部内の変数の値を変化させながら実行される命令の系列である。ある時点でのプロセスの状態 (state) は，データ部内の変数の値集合である。例えば，プロセスで命令 $x = 4$ が実行されると，データ部内の変数 x の値は 4 に変化する。

このように，命令が実行されるごとに，プロセスの状態は変化する。プロセス p_i は，命令実行を示す**イベント** (event) により状態を遷移させる**有限状態機械** (finite state machine; FSM)[3] としてモデル化できる。プロセス p_i は，k 番目のイベント $e_{i,k}$ により，状態 $s_{i,k}$ から状態 $s_{i,k+1}$ に**遷移** (transition) する (図 2.8)。プロセス p_i は，イベントの系列 $\langle e_{i,0}, e_{i,1}, \cdots, e_{i,m_i} \rangle$ として表せる。プロセス p_i の状態の集合を $s_i = \{s_{i,0}, \cdots, s_{i,m_i}\}$ とする。図で，丸はプロセスの状態を示す。また，状態 a から b への有向辺 → は，状態 a から状態 b への状態遷移を表す。

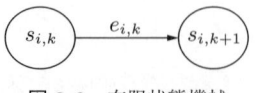

図 2.8 有限状態機械

プロセス p_i のイベントには，計算 (computation) と通信 (communication) の 2 種類がある。**計算イベント**は，加算や減算のように，プロセス内で行われる命令実行を示している。例えば，代入文 $x = 4$ の実行は計算イベントであり，これにより，変数 x の値は 4 に変化する。**通信イベント**には，メッセージ m の**送信イベント** $s_i[m]$ と**受信イベント** $r_i[m]$ がある。送信イベント $s_i[m]$ は，プ

ロセス p_i がメッセージ m を送信することを示す。受信イベント $r_i[m]$ は，プロセス p_i がメッセージ m を受信することを示す。

プロセス p_i には，決定論的 (deterministic) と非決定論的 (nondeterministic) の2種類がある。**決定論的プロセス**は，プロセスを何回実行しても同じ状態遷移をするものである。これに対して，**非決定論的プロセス**は，異なる実行で異なった状態遷移をすることがあるプロセスである。例えば，時間や乱数の値により条件をチェックして分岐するプロセスは，非決定論的である。非決定論的プロセスは，実行の都度結果が異なることがある。

2.3　イベントの順序

分散システムでは，二つのプロセス p_i, p_j で起きたイベント e_i, e_j のどちらが先に起きたかを決めることが重要である。各プロセス p_i が用いる時計を C_i とする。各時計が同じ時刻を示している理想的な状態を考える。イベント e_i が起きた時刻を $T(e_i)$ とする。このとき，$T(e_i) < T(e_j)$ のとき，かつそのときに限り，イベント e_i は e_j より以前に起きている。しかしながら，各時計 C_i は，GPSなどで同期された物理時計を用いていても，同じ時刻を示すとは限らず，μsオーダでずれている。このように，各コンピュータは物理時計を持つが，同じ時刻を示すとは限らない。したがって，$T(e_i) < T(e_j)$ であっても，イベント e_i は e_j より後に起きているかもしれない。また，イベント e_i が e_j より前に起きていても，$T(e_i) > T(e_j)$ かもしれない。このため，分散システムでは，イベント間の順序付けを行うために，物理時計を用いることができない。分散システムでは，他のプロセス p_j の状態は，プロセス p_j からメッセージを受信したときに初めてわかる。このため，**イベントの先行関係**を考えるときに，プロセス間での送信と受信が重要な役割を果たす。イベント間の順序は，Lamport[4] により以下のように定義されている。

定義 2.2 （イベントの先行関係）

e_i と e_j を，分散システム内のプロセスで起きるイベントとする．ここで，以下のいずれかの条件を充足するとき，イベント e_i はイベント e_j に**先行する**（e_i happened-before e_j）（$e_i \Rightarrow e_j$）とする．

1. イベント e_i, e_j は同じプロセスで起きて，e_i の命令は e_j の命令より前に実行されている．
2. イベント e_i はプロセス p_i でのメッセージ m の送信イベント $s_i[m]$ であり，e_j はプロセス p_j でのメッセージ m の受信イベント $r_j[m]$ である．
3. $e_i \Rightarrow e_k$ かつ $e_k \Rightarrow e_j$ なるイベント e_k が存在する．

イベントの先行関係の条件 1 は，同一のプロセス内のイベントの順序である．つぎの条件 2 では，異なるプロセス p_i と p_j 間でのイベントの順序を定めている．任意のメッセージ m の送信イベントは受信イベントに先行する．最後の条件 3 は，イベントの先行関係 $\Rightarrow$ は推移的（transitive）であることを示している．$e_i \Rightarrow e_j$ でもなく $e_j \Rightarrow e_i$ でもないとき，イベント e_i, e_j は**同時に起きて**いる（$e_i \mid e_j$）という．分散システム内で起きる任意の二つのイベント e_i, e_j を考えるとき，必ずしも先行関係 $e_i \Rightarrow e_j$ または $e_j \Rightarrow e_i$ が成り立つとは限らない．このように，イベントの先行関係 $\Rightarrow$ は，半順序関係（partially ordered relation）となる．

これらのイベントは，同じコンピュータ内で起きる場合もあれば，異なるコンピュータ内で起きる場合もあることを注意しておく．

図 **2.9** は，三つのプロセス p_i, p_j, p_k がメッセージ通信を行いながら協調動作を行っている様子を示している．ここでは，まずプロセス p_i がメッセージ m_i を送信し，他のプロセス p_j, p_k はメッセージ m_i を受信する．ここで，条件 2 より，プロセス p_i での送信イベント $s_i[m_i]$ は，プロセス p_j での受信イベント $r_j[m_i]$ に先行している（$s_i[m_i] \Rightarrow r_j[m_i]$）．つぎに，プロセス p_j は，メッ

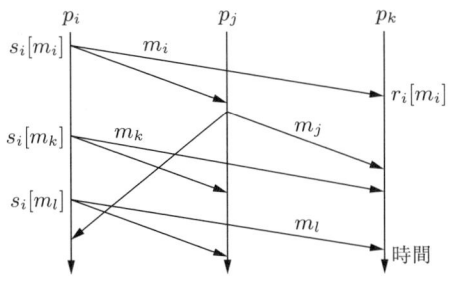

図 2.9 イベントの生起順序

セージ m_i の受信後にメッセージ m_j をプロセス p_i, p_k に送信する。ここで，条件1より $r_j[m_i] \Rightarrow s_j[m_j]$ であり，条件2より $s_j[m_j] \Rightarrow r_k[m_j]$ である。条件3より，$s_i[m_i] \Rightarrow r_k[m_j]$ となる。条件3は，イベント間の先行関係 $\Rightarrow$ が推移的であることを示している。また，プロセス p_k は，メッセージ m_i の受信後にメッセージ m_k を送信し，続いて，メッセージ m_l を送信する。いま見てきたように，$s_i[m_i] \Rightarrow s_i[m_k] \Rightarrow s_i[m_l]$ である。二つの送信イベント $s_j[m_j]$ と $s_i[m_k]$ を考えると，どちらが先に起きたかは決定できない（$s_j[m_j] \mid s_k[m_k]$）。同様に，$s_j[m_j] \mid s_i[m_k]$ である。

このように，分散システムでは，異なる二つのプロセス p_i, p_j のイベント生起についての先行順序関係 $\Rightarrow$ は，プロセス間でのメッセージの送受信によって決められている。

2.4 全体状態

分散システム D は，プロセス $p_1, \cdots, p_n$ ($n \geq 1$) から構成されている。本章で述べてきたように，各プロセスでは，イベントの生起により状態を遷移させながら計算が行われる。各プロセス p_i の状態 $s(p_i)$ ($\in S_i$) を，**ローカル状態** (local state) とする。ここで，S_i はプロセス p_i の状態の集合である。分散システム D の状態を，**全体状態** (global state) $s(D)$ とする。全体状態 $s(D)$ は，プロセス $p_1, \cdots, p_n$ のローカル状態の組 $\langle s(p_1), \cdots, s(p_n) \rangle$ である。

例として図 2.10 を考える。ここでは，二つのプロセス p_i, p_j が通信しながら協調動作を行っている。プロセス p_i がメッセージ m を送信し，プロセス p_j がメッセージ m を受信する。ローカル状態 s_{i1}, s_{i2} は，プロセス p_i がメッセージ m を送信する前と後の状態とする。同様に，ローカル状態 s_{j1}, s_{j2} は，プロセス p_j がメッセージ m を受信する前と後の状態とする。ここで，四つの全体状態 $S_1 = \langle s_{i1}, s_{j1}\rangle$, $S_2 = \langle s_{i1}, s_{j2}\rangle$, $S_3 = \langle s_{i2}, s_{j1}\rangle$, $S_4 = \langle s_{i2}, s_{j2}\rangle$ を考える。全体状態 $S_2 = \langle s_{i1}, s_{j2}\rangle$ では，以下のことがいえる。

1. プロセス p_j はメッセージ m を受信している。
2. プロセス p_i はメッセージ m を送信していない。

全体状態 S_2 では，プロセス p_j が送信されていないメッセージ m を受信していることになる。このように，送信プロセスの存在しないメッセージ m を**孤児メッセージ**（orphan message）という。送信プロセスの存在しない孤児メッセージを受信することはあり得ないので，全体状態 S_2 は**矛盾**（inconsistent）しているという。

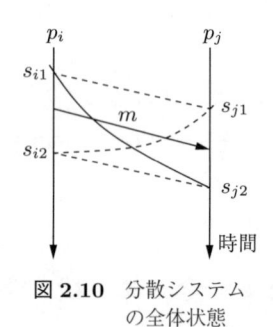

図 2.10 分散システムの全体状態

　分散システム D の可能な全体状態の集合 S は，各プロセスのローカル状態集合の直積 $S_1 \times \cdots \times S_n$ となる。分散システム D の各全体状態 $s(D) \in S_1 \times \cdots \times S_n$ が正しい（または無矛盾（consistent））かどうかを考えることが重要である。

定義 2.3 (正しい（無矛盾）全体状態)

　正しい全体状態 (consistent global state) は，あるプロセスでメッセージ m が受信されているならば，メッセージ m を送信しているプロセスが存在している状態である。

　言い換えると，孤児メッセージの存在しない全体状態は正しい。図 2.10 で，全体状態 S_1, S_3, S_4 は正しい。全体状態 S_3 では，メッセージ m の送信は行われているが，受信は行われていない。メッセージ m の送信された記録はあるので，再送信を行える。このため，全体状態 S_2 も正しいと考える。

2.5 論理時計

2.5.1 時計

　分散システム内で起きるイベントの順序付けを行う方式について考える。コンピュータは内部に時計（物理時計）を保持している。プロセス p_i が実行されているコンピュータの**物理時計**を C_i とする。**世界の標準時間** (universal time coordinate; UTC) τ に，物理時計 C_i が示す物理時間を $C_i(\tau)$ とする。微分 $d\,C_i(\tau)\,/\,d\tau$ を，物理時計 C_i の**振幅** (frequency) という。正確な時計では，$d\,C_i(\tau)\,/\,d\tau = 1$ となる。一般に，物理時間と UTC 時間の差 $|C_i(\tau) - \tau|$ を，UTC 時間に対するオフセットという。$(d\,C_i(\tau)\,/\,d\tau) - 1$ を，物理時計 C_i の**スキュー** (skew) という。$1 - \rho \leq d\,C_i(\tau)\,/\,d\tau \leq 1 - \rho$ が成り立つとき，ρ を最大ドリフト (drift) 率という。ρ は単位時間当りの時間のズレを示している。二つのプロセス p_i, p_j を考える。$|C_i(\tau) - C_j(\tau)| \geq \varepsilon$ であるとき，二つの物理時計 C_i, C_j は時間 ε で同期されているという。最近のコンピュータは，時間サーバと **NTP** (network time protocol)[1] により同期されるようになっている。また，GPS 時計，電波時計を内蔵した情報機器も利用されるようになっている。これらにより，プロセス p_i が読む物理時計 C_i は，より正確な

時間を示すようになったが，各時計の時間差 ε は良くても μs オーダであり，同じ時刻を示すことはほとんどあり得ない。

このため，イベントの生起順序を決めるための論理的な時間が必要となる。論理時間を与える論理時計が持つべき条件について，まず考える。e_i をプロセス p_i で起きるイベントとする。イベント e_i が起きた**論理時間**（logical time）を，$T(e_i)$ とする。このとき，論理時間を与える**論理時計**（logical clock）は，以下の条件を満足しなければならない。

定義 2.4 （論理時計の条件）

1. イベント e_i がイベント e_j より先に起きた（$e_i \Rightarrow e_j$）ならば，$T(e_i) < T(e_j)$ となる。
2. $T(e_i) < T(e_j)$ ならば，イベント e_i がイベント e_j より先に起きる（$e_i \Rightarrow e_j$）。

論理時間には，**線形時間**（linear time）[4] と**ベクタ時間**（vector time）[5] がある。これらについて考える。

2.5.2 線 形 時 間

まず，**線形時間**（linear time）について考える。各プロセス p_i は，線形時間を示す変数 L（初期値は 0）を持っている。プロセスが送信するメッセージ m は，線形時間を運ぶためのフィールド L を持ち，メッセージ m が持つフィールド L を $m.L$ と書く。各プロセス p_i は，以下のようにメッセージ m の送信，受信，および計算を行う。

送信イベント

1. 変数 L を 1 増加させる。すなわち，$L = L + 1$ とする。
2. メッセージ m のフィールド L に，L の値を代入する。すなわち，$m.L = L$ とする。
3. メッセージ m を送信する。ここで，送信イベントの線形時間 $T(s_i[m])$

は L となる。

受信イベント

1. メッセージ m を受信する。
2. 変数 L と $m.L$ を比較し,大きいほうを L に代入する。すなわち,$L = \max(L, m.L)$ とする。
3. 変数 L を1増加させる。すなわち,$L = L + 1$ とする。ここで,受信イベントの線形時間 $T(r_i[m])$ は L となる。

計算イベント

1. 計算 e を行う。
2. 変数 L を1増加させる。すなわち,$L = L + 1$ とする。ここで,計算イベント e の線形時間 $T(e)$ は L となる。

図 **2.11** に示す三つのプロセス p_i, p_j, p_k を考える。各プロセスの線形時間変数 L は,最初は0である。プロセス p_i がメッセージ m_i を送信するとき,$L = 1$ となる。送信イベント $s_i[m_i]$ の線形時間 $T(s_i[m_i])$ は $L = 1$ となる。メッセージ m_i は,この変数値を $m_i.L$ に代入し,送信される。メッセージ m_i を受信したプロセス p_j, p_k では,自分の線形時間変数 $L = 0$ と,送信されてきた線形時間 $m_i.L = 1$ を比較し,大きいほうの値1を変数 L の値とする。ここで,プロセス p_j の受信イベント $r_j[m_i]$ の線形時間 $T(r_j[m_i])$ は $L = 2$ となる。プロセス p_k でも同様に,$T(r_k[m_i])$ は $L = 2$ となる。つぎに,プロセス p_i は,メッセージ m_k, m_l を,メッセージ m_j の受信前に送信する。このとき,

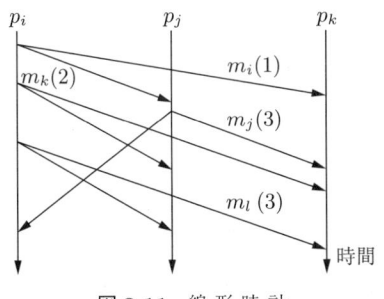

図 **2.11** 線形時計

$L = L + 1 = 2$ となり，$m_k.L = 2$ であり，同様に $m_l.L = 3$ となる．送信イベント $s_i[m_k]$ の線形時間 $T(s_i[m_k])$ は $L = 2$ となる．プロセス p_i の送信イベント $s_i[m_i]$ と，プロセス p_j の受信イベント $r_j[m_i]$ の線形時間を比較すると，$T(s_i[m_i]) = 1$ で $T(r_j[m_i]) = 2$ である．定義から，送信イベント $s_i[m]$ は受信イベント $r_j[m_i]$ に先行する $(s_i[m_i] \Rightarrow r_j[m_i])$．このとき，線形時間については，$T(s_i[m_i]) < T(r_j[m_i])$ であることがわかる．つぎに，プロセス p_i が送信したメッセージ m_k とプロセス p_j が送信したメッセージ m_j を考える．ここで，$T(s_i[m_k]) = 2 < T(s_j[m_j]) = 3$ であるが，メッセージ m_k, m_j の送信イベント間に先行関係はない $(s_i[m_k] \mid s_j[m_j])$．このように，先行関係のない二つのイベント e_i, e_j 間で，線形時間の大小関係 $T(e_i) > T(e_j)$ または $T(e_1) < T(e_j)$ が存在してしまう場合がある．

任意の二つのイベント e_i, e_j について，線形時間は以下の性質を持つ．

定理 2.2　（線形時間の性質）

1. $e_i \Rightarrow e_j$ ならば，$T(e_i) < T(e_j)$ である．
2. しかしながら，$T(e_i) < T(e_j)$ であっても，$e_i \Rightarrow e_j$ とは限らない．
3. $T(e_i) < T(e_j)$ であるときに，$e_i \Rightarrow e_k$ かつ $e_k \Rightarrow e_j$ なるイベント e_k が存在するかどうかはわからない．

線形時間は，論理時計の条件 1 を満足するが，条件 2 を満足しない．二つのイベント e_i, e_j について，線形時間により $e_i \Rightarrow e_j$ という先行関係が与えられても，イベント e_i が e_j より先に起きているとは限らない．

2.5.3　ベクタ時間

つぎに，**ベクタ時間**（vector time）について考える．n 個のプロセス $p_1, \cdots, p_n$ を考える．各プロセス p_i は，n 個の要素からなるベクタ変数 $V = \langle V_1, \cdots, V_n \rangle$ を持つ．各要素 V_h の初期値は 0 である $(h = 1, \cdots, n)$．プロセス p_i のベクタ時間変数 $V = \langle V_1, \cdots, V_n \rangle$ の i 番目の要素 V_i は，プロセス p_i の論理

時間である。一方，他の要素 V_j は，プロセス p_i が知っている他のプロセス p_j の論理時間である $(j = 1, \cdots, n,\ j \neq i)$。

プロセス p_i は，以下のようにメッセージの送信，受信，計算を行う。

送信イベント

1. ベクタ時間変数 V の i 番目の要素 V_i に 1 を加える。すなわち，$V_i = V_i + 1$ とする。
2. メッセージ m のベクタ時間フィールド $m.V$ に，ベクタ時間変数 V を代入する。すなわち，$m.V = V$ とする。
3. メッセージ m を送信する。ここで，送信イベント $s_i[m]$ のベクタ時間 $T(s_i[m])$ は V となる。

受信イベント

1. メッセージ m を受信する。
2. 各ベクタ要素 V_j に対して，$V_j = \max(V_j, m.V_j)$ とする $(j = 1, \cdots, n,\ j \neq i)$。
3. 受信イベント $r_i[m]$ のベクタ時間 $T(r_i[m])$ は V となる。

計算イベント

1. 計算 e を行う。
2. 各ベクタ要素 V_j に対して，$V_j = V_j + 1$ とする $(j = 1, \cdots, n,\ j \neq i)$。
3. 計算イベント e のベクタ時間 $T(e)$ は V となる。

三つのプロセス p_i, p_j, p_k の例を考える（**図 2.12**）。初めは，各プロセスのベクタ時間は $\langle 0, 0, 0 \rangle$ である。プロセス p_i がメッセージ m_i を送信すると，ベクタ時間変数 V 内の第 1 番目の要素に 1 が加算されて 1 となる。この結果，ベクタ時間 V は，$\langle 1, 0, 0 \rangle$ となる。メッセージ m_i は，p_i のベクタ時間 $m_i.V = \langle 1, 0, 0 \rangle$ を他のプロセス p_j, p_k に送信する。ついで，プロセス p_i は，メッセージ m_k を送信する。ここで，ベクタ時間の第 1 番目の要素に 1 を加算し，メッセージ m_k に $m_k.V = \langle 2, 0, 0 \rangle$ を含める。さらに，プロセス p_i はメッセージ m_l を送信する。ここで，$m_l.V = \langle 3, 0, 0 \rangle$ である。プロセス p_j が m_i を受信する。ここで，プロセス p_j のベクタ時間 V は，$\langle 1, 0, 0 \rangle$ となる。プロセス p_j

24   2. 分散システムの基礎

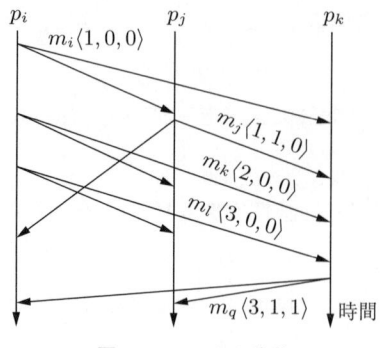

```
         p_i              p_j              p_k
         |  m_i⟨1,0,0⟩     |                |
         |────────────────▶|                |
         |                 |                |
         |                 |  m_j⟨1,1,0⟩    |
         |◀────────────────|───────────────▶|
         |                 |  m_k⟨2,0,0⟩    |
         |◀────────────────────────────────|
         |                 |  m_l⟨3,0,0⟩    |
         |◀────────────────────────────────|
         |                 |                |
         |                 |◀──m_q⟨3,1,1⟩──|  時間
         ▼                 ▼                ▼
```

図 2.12   ベクタ時計

はメッセージ m_j の送信を行うが，このときベクタ時間 V の第 2 番目の要素に 1 を加算する．この結果，ベクタ時間 V は，$\langle 1, 1, 0 \rangle$ となり，メッセージ m_j はこのベクタ時間をプロセス p_i, p_k に運ぶ．プロセス p_i は，メッセージ m_j を受信する．ここで，プロセス p_i のベクタ時間 $V = \langle 3, 0, 0 \rangle$ であり，$m_j.V = \langle 1, 1, 0 \rangle$ であるので，p_i のベクタ時間 V は $\langle 3, 1, 0 \rangle$ となる．プロセス p_k は，メッセージ m_i, m_j, m_k を受信し，メッセージ m_l を受信する．この時点でのプロセス p_k のベクタ時間 V は，$\langle 3, 1, 0 \rangle$ である．プロセス p_k は，ベクタ時間 V の第 3 番目の要素に 1 を加算し，$V = \langle 3, 1, 1 \rangle$ となる．プロセス p_k は，$m_q.V = \langle 3, 1, 1 \rangle$ なるメッセージ m_q を送信する．メッセージ m_i の送信イベント $s_i[m_i]$ は，p_j のメッセージ m_j の送信イベント $s_j[m_j]$ に先行している ($s_i[m_i] \Rightarrow s_j[m_j]$)．ベクタ時間を比べてみると，$T(s_i[m_i]) = \langle 1, 0, 0 \rangle$ で，$T(s_i[m_i]) = \langle 1, 1, 0 \rangle$ であり，$T(s_i[m_i]) < \langle 1, 1, 0 \rangle$ である．つぎに，メッセージ m_j, m_k の送信イベントを考える．ここで，送信イベント $s_j[m_j]$ と $s_i[m_k]$ の間に先行関係はない ($s_j[m_j] \mid s_i[m_k]$)．$T(s_i[m_k]) = \langle 2, 0, 0 \rangle$ で，$T(s_j[m_j]) = \langle 1, 1, 0 \rangle$ であり，これらのベクタ時間に大小関係はない．同様に，$s_i[m_l] \mid s_j[m_j]$ であり，$T(s_i[m_l]) = \langle 3, 0, 0 \rangle$ で，$T(s_j[m_j]) = \langle 1, 1, 0 \rangle$ であり大小関係がない．図 2.11 に示した線形時計では，$T(s_i[m_k]) = 2$ で $T(s_j[m_j]) = 3$ であるので，$T(s_i[m_k]) > T(s_j[m_j])$ となる．

以上の例からわかるように，ベクタ時間には以下の性質がある．

定理 2.3 （ベクタ時間の性質）

1. $e_i \Rightarrow e_j$ のとき，かつそのときに限り (if and only if)，$T(e_i) < T(e_j)$ である。
2. $T(e_i) < T(e_j)$ であるときに，$e_i \Rightarrow e_k$ かつ $e_k \Rightarrow e_j$ なるイベント e_k が存在するかどうかはわからない。

ベクタ時間は，論理時計の条件 1, 2 の両方を満足している。ベクタ時間は，プロセス数 n に対して n 個の要素を持つことから，n 個の配列からなる変数が必要となる。よって，メッセージ長は $O(n)$ となる。例えば，500 個のプロセスからなるグループを考える。各ベクタの要素を 2 バイトとすると，ベクタ長は 1 000 バイトにもなってしまう。このため，大規模なシステムには適さない。

3 ネットワーク

ネットワークは，分散システムを構築するための重要な基盤システムである。分散システムで利用されるネットワークは，伝送媒体，ハードウェア，ソフトウェアにより構成される。分散システムおよび分散システム上で実現されるアプリケーションの機能性と性能は，これらの構成要素を用いて構築されたネットワークの機能性と性能に依存する。コンピュータ同士がネットワークを利用して通信するために定められた通信手順を，通信プロトコルと呼ぶ。TCP/IPは，通信プロトコルの一つである。TCP/IPを用いたインターネット技術を用いることで，さまざまな種類のネットワークを相互接続し，一つのデータ通信ネットワークとして統合することができる。このことから，現在の分散システムの多くは，汎用的な通信基盤としてTCP/IPを用いたネットワーク上に構築されている。本章では，分散システムを構築するための基本的なネットワーク技術であるTCP/IPについて述べる。

3.1 プロトコル

ネットワークを構成する要素には，ホスト（host），ノード（node），コネクション（connection）がある。ネットワークを利用して通信を行うコンピュータおよび通信装置をホストと呼ぶ。すなわち，データの発信元および受信先となるコンピュータまたは端末がホストである。一方，ホスト以外でネットワークに接続されたコンピュータや伝送装置をノードと呼ぶ。例えば，データの中

継機器などがノードである。ホスト間，ホストとノード間，またはノード間の通信路をコネクションと呼ぶ。**プロトコル**とは，ホスト同士がネットワークを利用して通信するために定められた通信手順（通信規約）である。ハードウェアやソフトウェア構成が異なるホスト同士でも，同一のプロトコルを用いることで，たがいに通信が可能となる。

3.1.1 OSI参照モデル

1970年代，IBMやDECなどの企業が，各社独自の通信技術を体系化したSNA[6]（Systems Network Architecture）やDECNET[7]の提案を行った。ネットワークアーキテクチャは，ネットワーク技術の機能要素とプロトコル（protocol）群の総称である。しかし，各社独自のネットワークアーキテクチャには互換性がなく，メーカが異なる製品間での相互接続は不可能であった。異機種間のデータ通信を実現し，ネットワークの柔軟性および拡張性を向上するために，国際標準化機構（International Organization for Standardization; ISO）は，ホストの持つべき通信機能を階層構造に分割した**開放型システム相互接続参照モデル**（Open Systems Interconnection（OSI）reference model）[8],[9] を制定した。

（1）**階層化** OSI参照モデルでは，通信に必要な機能を七つの階層に分割しており，各層は**エンティティ**（entity）と呼ばれる機能モジュールから構成される。具体的には，エンティティは通信を行う通信ソフトウェアモジュールである。下位層のエンティティが共同して上位層にまとまった機能を提供する機構となっている。表 3.1 に，OSI参照モデルの各階層の機能を示す。階層構造とすることにより，各層の通信機能に対応するプロトコルをたがいに独立なものとし，変更や修正の影響を各層内に留めることができる。

（2）**サービスとプロトコル** 各層の機能を実現するプログラムなどの実体を，エンティティと呼ぶ。図 3.1 に示すように，N 層のエンティティを N エンティティと呼ぶ。各ホスト上の N エンティティは，$N-1$ エンティティ（下位層のエンティティ）の通信機能を使用して，$N+1$ エンティティ（上位層のエンティティ）に特定の通信機能を提供する。$N-1$ 層が N 層に提供する通信

表 3.1　OSI 参照モデル

	層	機　能
7	アプリケーション層	特定のアプリケーションに特化したプロトコルを定める。
6	プレゼンテーション層	情報表現形式の共通化を図る。例えば，データ構造や符号化といったホスト固有のデータ表現形式を，ネットワーク上で共通の表現形式に変更する。
5	セッション層	プロセス間のコネクションの確立と切断を管理する。つまり，アプリケーションプロセス間の対話（会話）を管理する。
4	トランスポート層	エンド-エンド（通信を行う両端のプロセス）間でのデータ転送の管理を行う。メッセージ紛失への対処，送信順序保証，フロー制御，輻輳制御などの信頼性のある通信を提供する。
3	ネットワーク層	ホスト間の通信経路の選択（ルーティング）を行う。これにより，複数のネットワークをまたいだデータ転送および中継が実現する。
2	データリンク層	隣接ノード間のビット列（フレーム）単位でのデータ転送，同期制御，誤り制御，フロー制御を行う。
1	物理層	コネクタやケーブル形状の規定とともに，伝送媒体の電気的・機械的な制御を行い，ビット伝送サービスを提供する。

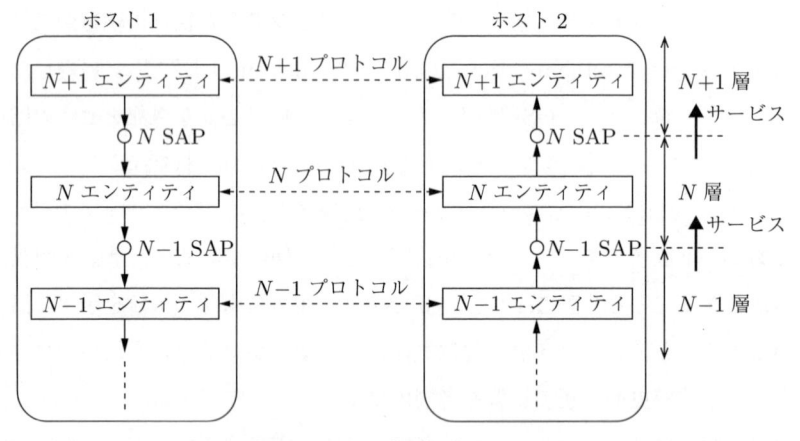

図 3.1　サービスとプロトコル

機能をサービスと呼ぶ。また，N 層が $N-1$ 層のサービスを受けるためのインタフェースを**サービスアクセスポイント**（service access point; SAP）と呼ぶ。N 層のエンティティ同士が通信を行うための手順が，N プロトコルである。

（3） プロトコルデータ単位　N エンティティがデータを送信する場合を考える。図 **3.2** に示すように，N プロトコルで交換される**プロトコルデータ単位**（protocol data unit; PDU）を N.PDU と呼ぶ。N エンティティは，N.PDU を一つ下位の $N-1$ 層の SAP を通して $N-1$ エンティティに渡す。$N-1$ エンティティは，N.PDU を $N-1$ プロトコルに従って $N-1$ 層での**サービスデータ単位**（service data unit; SDU）に分割または結合する。$N-1$ 層で分割または結合された各 SDU に $N-1$ 層の**プロトコル制御情報**（protocol control information; PCI）を付加して，$N-1$.PDU を構成する。N エンティティがデータを受信する場合は，以上の手順の逆の操作を実行する。以上の操作が，各コンピュータ上のプロトコル階層において繰り返されることにより，アプリケーションプロセス間でのデータ交換が可能となる。

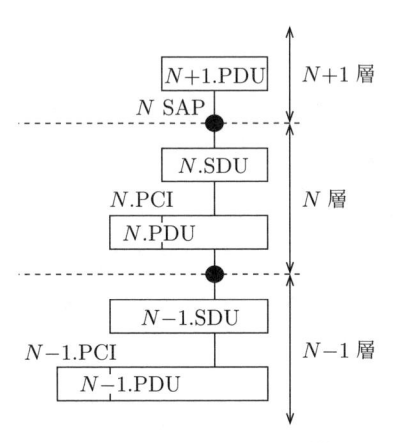

図 **3.2**　プロトコルデータ単位

3.1.2　TCP/IP と OSI 参照モデル

インターネットを構築する上で必要な通信プロトコルの一式（スタック）を**インターネットプロトコルスイート**（internet protocol suite）または **TCP/IP プロトコルスイート**（もしくは単に TCP/IP）[10],[11] と呼ぶ。現在の分散システムのほとんどは，TCP/IP を用いたネットワーク上に構築されている。TCP/IP と OSI のプロトコル階層モデルの対応を表 **3.2** に示す。

表 3.2 OSI 参照モデルと TCP/IP

層	OSI	TCP/IP
7	アプリケーション層	アプリケーション層
6	プレゼンテーション層	
5	セッション層	
4	トランスポート層	トランスポート層（TCP, UDP）
3	ネットワーク層	ネットワーク層（IP）
2	データリンク層	ネットワークインタフェース層
1	物理層	（イーサネット，FDDI，PPP など）

（1）**ネットワークインタフェース層** OSI 参照モデルの物理層とデータリンク層に対応しており，伝送媒体で接続された隣接ノード間での通信機能を提供する．ネットワークインタフェース層のプロトコルとして，イーサネット[12),13)]，FDDI[14),15)]，PPP[16)] などがある．詳細については，3.2 節で述べる．

（2）**ネットワーク層** ネットワークインタフェース層の機能を利用して，ホスト間の**通信経路の選択**（**ルーティング**）を行う．すなわち，任意のネットワークを経由したホスト間でのデータの送受信を実現する．このためのプロトコルとして，**IP**（internet protocol）[17)] が使用される．IP では，**IP アドレス**と呼ばれる識別子を用いてネットワーク内の各ホストを一意に識別する．IP を用いることで，通信したいホスト間の経路がどのようなデータリンクで接続されていても，データの転送が可能となる．詳細については，3.3 節で述べる．

（3）**トランスポート層** トランスポート（transport）層は，アプリケーションプロセス間の通信を実現するための層である．ホスト上では，複数のアプリケーションプロセスが実行されている可能性がある．よって，ホスト上で実行されているアプリケーションプロセスを識別するために，ポート番号と呼ばれる識別子を用いる．**ポート番号**を用いることで，アプリケーションプロセス間の通信が実現する．TCP/IP には，**TCP**（transmission control protocol）[10),18)] と **UDP**（user datagram protocol）[19)] の二つのトランスポートプロトコルが存在する．詳細については，3.4 節で述べる．

（4）**アプリケーション層** トランスポート層の機能を利用して，さまざ

まなアプリケーションのための通信を実現する．TCP/IP の階層モデルでは，OSI 参照モデルのセッション層，プレゼンテーション層，アプリケーション層のプロトコルは，単一または複数のアプリケーションプログラムとして実装されていると考える．例えば，電子メールの転送を実現するための SMTP（simple mail transfer protocol）[20] や，WWW（world wide web）サービス[21]を実現するための HTTP（hypertext transfer protocol）[22]などがある．

3.2 ネットワークインタフェース層

ネットワークインタフェース層は，OSI 参照モデルの物理層とデータリンク層に対応しており，そのプロトコルは，表 3.1 に示したとおり，伝送媒体で直接接続された隣接ノード間での通信に関する規定である．ノード間を接続するための伝送媒体としては，同軸ケーブル，より対線，光ファイバ，無線などがある．OSI 参照モデルの物理層は，ディジタルデータの "0" と "1" を電流や電圧のパルス信号または光の点滅を用いて送受信する，ビット伝送のサービスを提供する．これに対して，データリンク層では，ある長さのビット列単位で隣接ノード間のデータ転送を制御する．データリンク層での処理されるデータ単位を**フレーム**と呼ぶ．

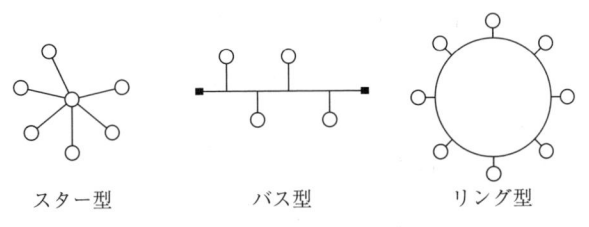

3.2.1 ネットワーク形態

ネットワークの構成形態を**トポロジ**と呼ぶ．ネットワークの構成形態としては，図 3.3 に示すようなスター型，バス型，リング型がある．

スター型　　　　バス型　　　　リング型

図 3.3　ネットワーク形態

1. スター型：中央のノードまたは集線装置から放射状に接続される形態
2. バス型　：一つの伝送媒体をすべてのノードが共有する形態
3. リング型：各ノードが環状に接続される形態

3.2.2　信号伝送方式

ホストから送信されるディジタルデータの "0" と "1" を伝送媒体上に送出するためには，ディジタル信号を電圧や光のパルス信号に変換する符号化が必要である。その代表例として，**マンチェスタ符号**がある。マンチェスタ符号では，高電圧と低電圧の二つの電位を使用する。高電圧から低電圧へ変化した場合が "0" を表し，低電圧から高電圧に変化した場合が "1" を表す。このように符号化されたディジタル信号をそのまま伝送路上に送出する伝送方式を**ベースバンド (baseband) 方式**という。ベースバンド方式では，伝送路が提供する通信チャネルが一つである。よって，複数のノードで一つのチャネルを共有するために，チャネルの使用権を取得するための媒体アクセス制御が必要となる。光ファイバでは，単色光の点滅により "0" と "1" をベースバンドと同様に通信する。一つのケーブルに波長の違う複数の単色光を送ることにより，伝送速度を向上させる **WDM** (wavelength division multiplexing) **方式**がある。一方で，**ブロードバンド** (broadband) **方式**では，伝送路上をアナログ信号が流れる。周波数帯ごとに一つの通信チャネルを割り当て，一つの伝送路を複数のチャネルで共有できるため，**周波数分割多重** (frequency-division multiplexing; FDM) と呼ばれる。送信ノードは，符号化されたディジタル信号をアナログ信号に変換して送信する。受信ノードでは，アナログ信号からディジタル信号に戻す必要がある。これらの機能をそれぞれ変調 (modulation) および復調 (demodulation) と呼ぶ。この機能を実現する装置がモデム (<u>mo</u>dulation and <u>dem</u>odulation; modem) である。

3.2.3　媒体アクセス制御

ベースバンド方式のように伝送路を複数のノードで共有する場合，チャネルの使用権を取得するための媒体アクセス制御が必要となる。本項では，代表的

な媒体アクセス制御方式である**コンテンション**（contention）**方式**と**トークンパッシング**（tokenpassing）**方式**について述べる。

（**1**）**コンテンション方式** 複数のノードが同時にメッセージを送信することにより，メッセージの衝突が発生することを前提とした媒体アクセス制御方式である。コンテンション方式の代表例として，**CSMA/CD**（carrier sense multiple access/collision detection）**方式**[13]がある。CSMA/CDのキャリアセンス（carrier sense; CS）とは，各ノードがチャネル上のトラフィックを検出できる機能を示している。これにより，データ送信前にチャネル上のトラフィックの有無を確認することができる（listen before transmission）。多重アクセス（multiple access; MA）は，チャネル上にトラフィックがなければ，任意のノードがすぐにメッセージを送信できることを示す。しかし，チャネル上の伝播遅延などにより，二つのノードがデータを送信することで，チャネル上でデータの衝突が発生する。送信ノードは，送信中もチャネル上の電気信号の強度を監視するなどして，信号の衝突を検知する。衝突検知（collision detection; CD）とは，このように信号の衝突を検知することである。衝突を検知した送信ノードは，送信を中断し，ランダム時間待ってから再送を行う。これを**バックオフ**（back off）と呼ぶ。実際は，送信ノードが衝突を検知した場合，他のノードも確実に衝突を検知できるように，ジャム信号と呼ばれる信号を一定時間送信してから送信処理を終了する。

（**2**）**トークンパッシング方式** 伝送路の使用権を取得するための特別なフレーム（**トークン**（token）と呼ばれる）を巡回させることで，伝送路へのアクセス制御を行う方式である。トークンには，フリートークンとビジートークンがある。トークンは，通常リング型の伝送路を1方向に巡回している。データを送信したいノードは，フリートークンを捕捉し，ビジートークンに変換した後，メッセージを付加して隣接ノードへ送信する。伝送路上の各ノードは，宛先に応じてビジートークンに付加されたデータを取り込み，隣接ノードに転送する。送信元ノードは，自身が送信したビジートークンを受信した場合，これをフリートークンに変換して，隣接ノードに転送する。以上の手順により，伝

送路上でのデータの衝突は発生しない。リング型の伝送路上でのトークンパッシング方式を**トークンリング**（token ring）**方式**[15]と呼ぶ。一方で、トークンパッシング方式は、バス型の伝送路でも使用できる。この場合、トークンを巡回させる順番を決めることで論理的なリング型の伝送路を構成する。バス型の伝送路上でのトークンパッシング方式を**トークンバス方式**[14]と呼ぶ。

3.2.4 フレームの転送形態

フレームの宛先指定により、以下の種類のフレーム転送方法がある。

- ブロードキャスト（broadcast）：ブロードキャストでは、送信ノードも含めてすべてのノード宛にフレームを送信する。
- マルチキャスト（multicast）：特定のグループに属するすべてのノード宛にフレームを送信する。
- ユニキャスト（unicast）：ある一つのノード宛にフレームを送信する。

3.2.5 イーサネット

現在、広く利用されているデータリンクプロトコルの一つとして、**イーサネット**（Ethernet）がある。イーサネット[12]は、1970年代初めに米国のゼロックス社で開発され、1978年にIEEE802.3[13]として標準化された。現在、イーサ

表 3.3 イーサネット規格例

規格名	伝送速度	ケーブル長	ケーブル種別
10BASE2	10 Mbps	185 m	同軸ケーブル
10BASE5		500 m	同軸ケーブル
10BASE-T		100 m	より対線（UTP カテゴリ 3～5）
10BASE-F		1000 m	光ファイバ（MMF）
100BASE-TX	100 Mbps	100 m	より対線（UTP カテゴリ 5/STP）
100BASE-FX		412m	光ファイバ（MMF）
100BASE-T4		100 m	より対線（UTP カテゴリ 3～5）
1000BASE-CX	1 Gbps	25 m	2芯平衡型同軸ケーブル
1000BASE-SX		220～550 m	光ファイバ（MMF）
1000BASE-LX		550 m/5000 m	光ファイバ（MMF/SMF）
1000BASE-T		100 m	より対線（UTP カテゴリ 5e）

ネットで使用されている伝送方式は，基本的にベースバンド方式である。また，イーサネットは，その伝送速度や通信ケーブルの違いにより，**表 3.3** に示すような規格がある。表 3.3 に示した規格でのアクセス制御方式は，CSMA/CD 方式である。

（1） MAC アドレス　通常，各ホストには，**NIC**（network interface card）と呼ばれるイーサネット通信用のハードウェアが内蔵されている。データリンクプロトコルでノードを識別するための識別子として **MAC アドレス** (media access control address) がある。MAC アドレスは，IEEE802.3 で規格化されており，イーサネット，FDDI といった有線 LAN のほか，IEEE802.11 などの無線 LAN でも使用されている。各 NIC には，固有の MAC アドレスが出荷時に割り当てられており，同一の MAC アドレスを持つ NIC は存在しない。MAC アドレスは，図 **3.4** に示す，48 ビットの長さを持つ構造で表される。MAC アドレスの 1 ビット目は，ユニキャストアドレス（0）かマルチキャストアドレス（1）かを示す。ブロードキャストアドレスは，1 ビット目を含む 48 ビットすべてが 1 となるアドレスである。2 ビット目は，ユニバーサル形式かローカル形式かを示す。ユニバーサル形式とは，IEEE から正式に取得された世界で唯一無二のアドレス形式である。ローカル形式は，利用者またはネットワーク管理者が独自に割り当てたアドレス形式である。ユニバーサル形式では，図 3.4 で示すように，3～24 ビットが IEEE により各ベンダに割り当てられたベンダ識別子となる。25～48 ビットは，ベンダが製造した NIC ごとに異なる数値を割り当てる。ローカル形式では，ネットワーク設計時に自由にアドレスを割り当てる。

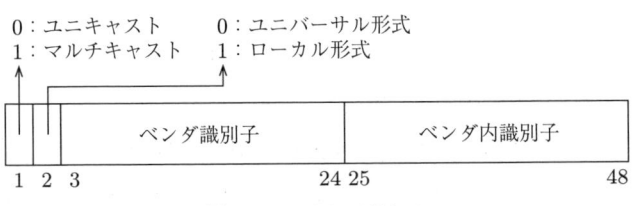

```
0：ユニキャスト      0：ユニバーサル形式
1：マルチキャスト    1：ローカル形式
```

ベンダ識別子	ベンダ内識別子
1 2 3　　　　　　　　24 25	48

図 **3.4**　MAC アドレス

（2） フレームフォーマット　　イーサネットのプロトコルデータ単位をフレーム（frame）と呼ぶ．図 3.5 にイーサネットのフレーム構成を示す．

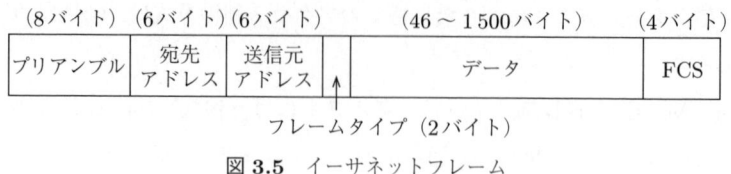

（8バイト）	（6バイト）	（6バイト）	（46～1500バイト）	（4バイト）
プリアンブル	宛先アドレス	送信元アドレス	データ	FCS

フレームタイプ（2バイト）

図 3.5　イーサネットフレーム

- プリアンブル（8バイト）：“10101010” のパターンが 7 バイト分繰り返され，受信フレームの同期をとるために使用される．つぎの 1 バイトは “10101011” となるビット列であり，SFD (start of frame delimiter) と呼ばれる．SFD は有効フレームの開始を意味する．
- 宛先（destination）アドレス（6バイト）：宛先ノードの MAC アドレスを格納する．
- 送信元（source）アドレス（6バイト）：データの送信元ノードの MAC アドレスを格納する．
- フレームタイプ（2バイト）：上位プロトコルのタイプを表す．データフィールドに格納されたデータをどのプロトコルモジュールに渡すべきかを確認できる．例えば，0x0800（16進数）ならば，データフィールドの内容は，IP プロトコルモジュールに渡すことが指定されている．
- データ（46～1500バイト）：上位プロトコルのユーザデータを格納する．上位プロトコルが IP であるならば，IP データグラムが格納される．このデータ長が最小の 46 バイトに満たない場合，**PAD** (padding bit) と呼ばれるデータを付加して 46 バイトになるようにする．
- **FCS** (frame check sequence)（4バイト）：フレームに対するチェックサム計算（誤り検出のための計算）結果が格納される．送信時に格納された値と受信側でチェックサム計算を実施した結果が一致するかどうかを確認することで誤り検出を行う．チェックサム計算には，**CRC** (cycle redundancy check) **方式**が用いられる．

3.2.6 その他のデータリンクプロトコル

（1）**ＦＤＤＩ**　FDDI (fiber distributed data interface) [14)] では，各ノードは光ファイバを使用してリング型に接続され，100 Mbps の伝送速度を実現できる。媒体アクセス制御としては，トークンパッシング方式を採用している。FDDI では，リングが切れたときに通信不能となることを防ぐために，リングを二重にする。また，二重リングの場合，最長で 100 km のネットワークを構築することができる。

（2）**ＰＰＰ**　PPP (point-to-point protocol) [16)] は，1 対 1（ポイントツーポイント）でホスト間を接続するためのプロトコルである。イーサネットや FDDI が，物理層とデータリンク層の両方のプロトコルを含んでいるのに対して，PPP はデータリンク層の機能のみを持ったプロトコルであり，物理層を特定していない。PPP は，LCP (link control protocol) と NCP (network control protocol) の二つのプロトコルで構成される。LCP は，上位層に依存しないプロトコルで，コネクションの確立・切断，認証プロトコルの設定などを行う。PPP で接続するためには，認証が必要である。PPP で利用される認証には，PAP (password authentication protocol) と CHAP (challenge handshake authentication protocol) の 2 種類がある。NCP は，上位層に依存するプロトコルであり，上位層が IP の場合，NCP は IPCP (IP control protocol) と呼ばれる。IPCP では，IP アドレスの設定などを行う。PPP は，電話回線や専用線などで利用されている。最近では，イーサネットのデータ部に PPP のフレームを格納して転送する **PPPoE** (PPP over Ethernet) も普及している。イーサネットは，最も普及しているデータリンクプロトコルであり，NIC などのネットワーク機器が安価である。よって，イーサネットの使用により，安価な通信サービスの提供が可能となる。しかし，イーサネットプロトコル自体には，認証機能やコネクションの概念がない。そこで，PPPoE を使用して，イーサネット上にコネクションの管理機能と認証機能を実現したインターネットへの接続サービスが提供されている。

（3）**IEEE802.11b/11g/11a**　IEEE802.11b および IEEE802.11g は，

2.4 GHz 帯の電波を利用して通信する無線 LAN の規格[23]である。データ伝送速度は，IEEE802.11b で最大 11 Mbps，IEEE802.11g で最大 54 Mbps であり，通信可能距離は 30〜50 m 程度である。IEEE802.11a は，5 GHz 帯の電波を利用して通信をするための規格であり，データ伝送速度は最大で 54 Mbps である。これらの規格は，イーサネットと同一の MAC アドレスを使用して通信を行い，アクセス制御方式には **CSMA/CA**（carrier sense multiple access/collision avoidance）**方式**[23]を用いている。CSMA/CA のキャリアセンス（CS）は，CSMA/CD と同様に，各ノードがチャネル上のトラフィックを検出できる機能を示している。CSMA/CA では，一度通信を試みることで，他のホストの通信の有無が確認できる。多重アクセス（MA）は，CSMA/CD と同様である。衝突回避（collision avoidance; CA）では，キャリアセンスで通信中のホストを検出した場合，その通信終了と同時に送信を開始すると衝突の発生確率が高くなるため，他のホストの送信完了を検知した後にランダム時間待ってから送信を行う。

3.3　ネットワーク層

本節では，TCP/IP におけるネットワーク層のプロトコルである **IP**（internet protocol）[17]と **ICMP**（internet control message protocol）[24]について述べる。IP の説明は，**IPv4**（internet protocol version 4）を対象とする。また，データリンク層を通してデータを送受信するために使用される **ARP**（address resolution protocol）[25]についても述べる。

3.3.1　I　　　　P

IP（internet protocol）[17]のおもな機能は，エンド-エンド間での**通信経路の制御**（ルーティング）である。本項では，IP アドレス，IP データグラム，ルーティング，および IP データグラムの分割処理（フラグメンテーション）について述べる。

3.3 ネットワーク層

（1）IPアドレス 3.2.5項(1)では，データリンク層でホストを一意に特定するMACアドレスについて述べた．データリンク層では，MACアドレスを用いて，直接接続された隣接機器同士の通信を実現する．つまり，一つのデータリンク上の通信を提供する．これに対して，IPは複数のデータリンクを経由したホスト間の通信を提供する（図3.6参照）．

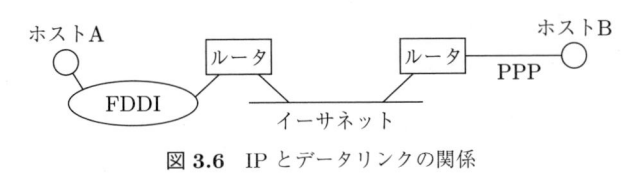

図 3.6 IPとデータリンクの関係

複数のデータリンクを経由した通信を実現するためには，ネットワーク層においてホストを一意に特定するための識別子が必要となる．ホストを特定するためにIPで使用される識別子をIPアドレスと呼ぶ．これはインターネット接続されるすべての機器を一意に識別するためのものであり，インターネットを考える際の重要な概念の一つである．**IPアドレス**（本節の説明ではIPv4アドレス）は，32ビットの2進数である．IPアドレスを人にわかりやすく表記するために，8ビットずつに区切った四つの10進数をピリオド"."でつないだ表記を用いる．例えば，"11000000101010000100010001100100"というIPアドレスを，"11000000.10101000.01000100.01100100"のように8ビットごとにピリオドで区切り，区切られた各8ビットを10進数に変換して，"192.168.68.100"と表記する．

IPアドレスは，「ネットワーク部」と「ホスト部」に分けられる．ネットワーク部は，データリンクのセグメントごとに値が割り当てられる．同一のデータリンクに接続されているホストには，同一のネットワーク部を持つIPアドレスが付与される．実際には，IPアドレスはホストごとではなく，ネットワークインタフェースごとに割り当てられる．例えば，一つのNICを持つホストには，そのNICに対して一つのIPアドレスが割り当てる．一方で，中継ノードのように複数のネットワークインタフェースを持つ機器には，各ネットワー

クインタフェースごとに IP アドレスが割り当てられる。「ホスト部」は，同一データリンク内で重ならない値を付与する。ただし，IP アドレスの「ホスト部」の全ビットが "0" の場合は，ネットワークアドレスを示す。また，ホスト部の全ビットが "1" の場合は，ネットワーク部で表されたネットワークに対するブロードキャストアドレスを示す。よって，これらの値を特定のネットワークインタフェースに割り当てることはできない。

（ a ） **クラス方式**　　IP アドレスのネットワーク部とホスト部を区別する方法の一つとして，**クラス方式**がある。クラス方式では，IP アドレスをクラス A，B，C，D の四つのクラスに分類する。IP アドレスは，先頭から 4 ビットまでのビット列で，どのクラスの IP アドレスか識別される（**表 3.4**）。

表 3.4　IP アドレスのクラス

クラス	上位ビット	区切り位置
A	0	先頭から 8 ビットがネットワーク部，残り 24 ビットがホスト部 （クラス A のアドレス範囲：0.0.0.0〜127.255.255.255）
B	10	先頭から 16 ビットがネットワーク部，残り 16 ビットがホスト部 （クラス B のアドレス範囲：128.0.0.0〜191.255.255.255）
C	110	先頭から 24 ビットがネットワーク部，残り 8 ビットがホスト部 （クラス C のアドレス範囲：192.0.0.0〜223.255.255.255）
D	1110	マルチキャストアドレスとして使用される （クラス D のアドレス範囲：224.0.0.0〜239.255.255.255）

（ b ） **クラスレス方式**　　IP アドレスのクラスにかかわらず，**サブネットマスク**を用いてネットワーク部とホスト部の区切り位置を決定することができる。サブネットマスクは，ネットワークアドレス部に対応するビットを "1" とし，ホスト部に対応するビットを "0" とした 32 ビットの 2 進数で表される。サブネットマスクと IP アドレスの論理積をとることで，IP アドレス中のネットワークアドレスを抽出することができる。この仕組みにより，クラスにかかわらずネットワーク部を自由に指定できるようになる。

例えば，IP アドレス 192.168.68.52 の上位 25 ビットがネットワーク部である場合を考える。このとき，サブネットマスクは，上位 25 ビットが "1" で残りの 7 ビットが "0" となる。すなわち，サブネットマスクは，255.255.255.128 とな

る。ネットワークアドレスは，192.168.68.52 と 255.255.255.128 を 2 進数にして論理積をとった結果であり，192.168.68.0 となる。また，ブロードキャストアドレスは，192.168.68.63 となる。ここで，"192.168.68.52/25" という表記は，192.168.68.25 の先頭から 25 ビットがネットワークアドレスであることを示す。このようなサブネットマスクの表記方法を **CIDR** (classless inter-domain routing; サイダー) 表記と呼ぶ。

（2） IP データグラム　　IP で送受信されるプロトコルデータ単位を IP データグラムと呼ぶ。IP データグラムの構成を図 **3.7** に示す。

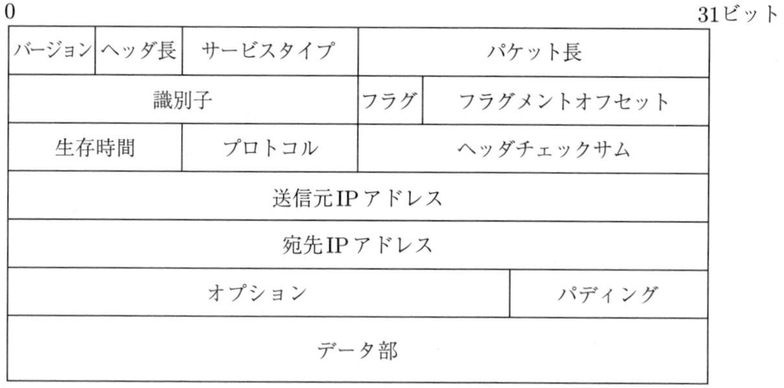

```
0                                                        31ビット
┌──────┬──────┬─────────────┬──────────────────────────────┐
│バージョン│ヘッダ長│サービスタイプ │          パケット長          │
├──────┴──────┴─────────────┼──────┬───────────────────────┤
│          識別子             │ フラグ │   フラグメントオフセット    │
├────────────┬─────────────┼──────┴───────────────────────┤
│  生存時間    │  プロトコル  │      ヘッダチェックサム         │
├────────────┴─────────────┴──────────────────────────────┤
│                    送信元 IP アドレス                    │
├────────────────────────────────────────────────────────┤
│                    宛先 IP アドレス                      │
├─────────────────────────────────┬──────────────────────┤
│            オプション           │       パディング       │
├─────────────────────────────────┴──────────────────────┤
│                       データ部                          │
└────────────────────────────────────────────────────────┘
```

図 **3.7** IP データグラムの構成

- バージョン（4 ビット）：IP のバージョンを示すフィールドである。IPv4 の場合は，このフィールドの値が "4" となる。
- ヘッダ長（4 ビット）：32 ビットを単位としたヘッダ部の長さを示す。オプションを含まない IP データグラムは，"5" となる。
- サービスタイプ（8 ビット）：送信している IP のサービス品質を表す。最初の 3 ビットで優先度を表す。4〜7 ビット目は，遅延，スループット，信頼性，コストについての要求をビットのオン/オフで示す。8 ビット目は使用しない。
- パケット長（16 ビット）：ヘッダとデータを合わせたビット長を示す。

- 識別子 (16 ビット)：パケットは，下位層のデータ単位であるフラグメントに分割されることがある．このようなフラグメントを復元する際に使用する元のパケットの番号を示す（フラグメンテーションについては，3.3.1 項 (4) を参照）．
- フラグ (3 ビット)：フラグメンテーションの実施可否，およびフラグメントされている場合は，最終のフラグメントパケットかどうかを示す．
- フラグメントオフセット (13 ビット)：フラグメントされている場合に元のパケットのどこに位置していたかを示す．
- 生存時間 (8 ビット)：パケットの生存時間（生存可能なホップ数）を示す．
- プロトコル (8 ビット)：上位層プロトコルの識別番号を示す．
- ヘッダチェックサム (16 ビット)：IP ヘッダのチェックサムを示す．
- 送信元 IP アドレス (32 ビット)：送信元ホストの IP アドレスを示す．
- 宛先 IP アドレス (32 ビット)：宛先ホストの IP アドレスを示す．
- オプション（可変長）：テストやデバッグなどを行うときに使用される．
- パディング：ヘッダ長が 32 ビットの整数倍になるように "0" を挿入する．
- データ部：上位層プロトコルで送受信される PDU を示す．

(3)　経 路 制 御　　経路制御（routing; ルーティング）は，IP の最も重要な機能の一つである．以下では，IP における経路制御の概要について述べる．

(a)　ル ー タ　　ネットワーク層プロトコルを用いて IP データグラムの中継を行う機器を，ルータ（router）と呼ぶ．ルータは，経路制御表（ルーティングテーブル）を参照してパケットの転送を行う．経路制御表には，宛先ネットワークアドレスと，そこに至るためにつぎに IP データグラムを送るべきルータのアドレスの対が保持されている．

図 **3.8** のように三つのローカルエリアネットワーク LAN1，LAN2，LAN3 が二つのルータ（ルータ 1，ルータ 2）によって接続されている場合を考える．IP アドレスとして，クラス C が使用されている．ここで，各 LAN は，異なるネットワークアドレスを持つ．LAN1 は IP アドレス 192.168.10.0/24，LAN2 は IP アドレス 192.168.20.0/24，LAN3 は IP アドレス 192.168.30.0/24 であ

3.3 ネットワーク層

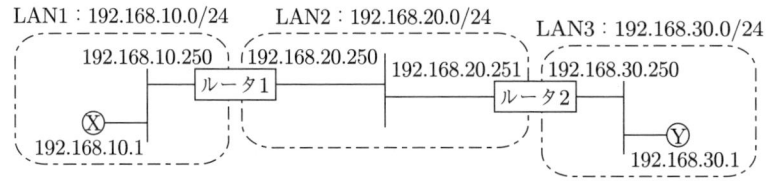

```
LAN1：192.168.10.0/24    LAN2：192.168.20.0/24    LAN3：192.168.30.0/24
      192.168.10.250   192.168.20.250           192.168.30.250
              ─[ルータ1]─      192.168.20.251 ─[ルータ2]─
          Ⓧ                                              Ⓨ
       192.168.10.1                                 192.168.30.1
```

経路制御表（ルータ1）	
宛先	ネクストホップ
192.168.30.0/24	192.168.20.251
192.168.20.0/24	＊（直結）
192.168.10.0/24	＊（直結）

経路制御表（ルータ2）	
宛先	ネクストホップ
192.168.10.0/24	192.168.20.250
192.168.20.0/24	＊（直結）
192.168.30.0/24	＊（直結）

図 3.8　経 路 制 御

る．ここで，LAN1 内のホスト X が LAN3 内のホスト Y に IP データグラムを送信する場合を考える．初めに，ホスト X は，IP データグラムの宛先アドレスにホスト Y の IP アドレス 192.168.30.1 を設定し，ルータ 1 に送信する．ルータ 1 は，受信した IP データグラムの宛先アドレスからホスト Y が存在するネットワークアドレスが 192.168.30.0/24 であることがわかる．ルータ 1 は，自身の経路制御表を参照し，192.168.30.0/24 のネットワークに IP データグラムを転送するためには，192.168.20.251 宛，すなわち，ルータ 2 宛に IP データグラムを送信すればよいことがわかる．ルータ 1 から IP データグラムを受信したルータ 2 は，自身の経路制御表を確認する．ここで，192.168.30.0/24 のネットワークは自身が直接つながっているネットワークであることがわかる．よって，ルータ 2 は IP データグラムをホスト Y に直接送信する．以上のように，各ルータが経路制御表の内容をもとにして IP データグラムを転送することで，エンド-エンド間のデータ転送が実現する．

（b）**デフォルトゲートウェイ**　ルータの経路制御表にインターネット上に存在するすべての宛先ネットワークへの経路情報を保持することは不可能である．経路情報がない宛先ネットワークへの IP データグラムを受信した場合，「デフォルトゲートウェイ」として指定されたルータに IP データグラムを送信する．

（c）**ルーティングプロトコル**　経路制御表の作成および管理の方法には，**静的経路制御**（static routing）と**動的経路制御**（dynamic routing）の 2 種類が

ある。静的経路制御では，人手を介して固定的に経路情報を設定する。ネットワークの規模が大きくかつ複雑になると，人手を介した静的経路制御は実施が困難になる。動的経路制御では，ルーティングプロトコルを用いて自動的に経路情報を設定する。以下では，初めに**距離ベクトル型**（distance vector）[26),27)]のルーティングプロトコルの概要を示す。つぎに，距離ベクトル型経路制御の一つである **RIP**（routing information protocol）[28)] の動作例を示す。

一般に，経路制御表には，宛先ネットワークアドレスとそこに至るためにつぎに IP データグラムを送るべきルータのアドレスに加えて，経路のコスト情報が保持される。経路のコスト情報は距離（メトリック）とも呼ばれ，宛先までのノード数，帯域，通信料金，遅延などが含まれる。距離ベクトル型[26),27)]のルーティングプロトコルでは，各ルータは自身の経路制御表を隣接ルータに送信する。経路制御表を受信したルータは，受信した経路制御表に格納された各経路情報の距離に自身と制御表の送信元ノードの間の距離を加える。ここで，(1) 自身の経路制御表にはないネットワークアドレスへの経路情報があった場合，自身の経路制御表に追加する。または，(2) 自身の持つ経路情報よりも距離が短い経路情報があった場合は，経路情報を入れ替える。この動作をすべてのルータ間で実施する。

つぎに，RIP を説明する。距離ベクトル型の経路制御の一つである RIP[28)] の動作例を図 **3.9** に示す。RIP では，宛先ネットワークまでに経由するルータ

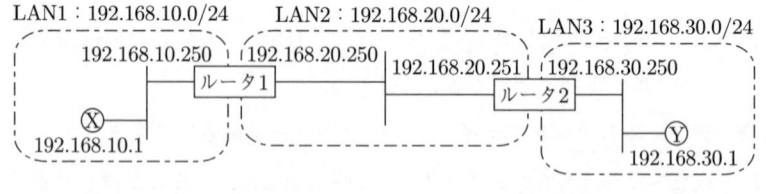

経路制御表（ルータ1）

宛先	ネクストホップ	距離
192.168.20.0/24	*（直結）	0
192.168.10.0/24	*（直結）	0

経路制御表（ルータ2）

宛先	ネクストホップ	距離
192.168.20.0/24	*（直結）	0
192.168.30.0/24	*（直結）	0

図 **3.9** RIP の動作例（初期状態）

数を距離とする．図 3.9 は，ルータ 1 とルータ 2 が直接接続されているネットワークの経路情報のみを保持している状態を示している．ここで，ルータ 1 がルータ 2 に経路制御表を送信したとする．

ルータ 2 は，ルータ 1 から受信した経路制御表の距離に 1 を加える（**図 3.10** 参照）．ここで，宛先ネットワークが IP アドレス 192.168.10.0/24 である経路情報が，ルータ 2 の経路制御表にない．よって，ルータ 2 は，自身の経路制御表にルータ 1 から受信した 192.168.10.0/24 宛への経路情報を追加する．ただし，この情報はルータ 1 から受信しているため，ネクストホップのアドレスをルータ 1 の 192.168.20.250 にする．192.168.20.0/24 の経路情報に関しては，自身が保持する経路情報の距離のほうが短いため，変更を行わない．RIP では，各ルータが 30 秒おきに経路制御情報を隣接ルータに送信する．

ルータ1から受信した経路制御表

宛先	ネクストホップ	距離
192.168.20.0/24	*（直結）	1
192.168.10.0/24	*（直結）	1

経路制御表（ルータ2）

宛先	ネクストホップ	距離
192.168.20.0/24	*（直結）	0
192.168.30.0/24	*（直結）	0

宛先	ネクストホップ	距離
192.168.10.0/24	192.168.20.250	1
192.168.20.0/24	*（直結）	0
192.168.30.0/24	*（直結）	0

図 3.10 RIP の動作例（ルータ 2 の経路制御表更新）

（4）フラグメンテーション IP は，複数のデータリンク間での通信機能を提供する．データリンクごとに**最大転送単位**（maximum transmission unit; MTU）が異なる．例えば，イーサネットでは 1 500 バイトであるが，FDDI では 4 352 バイトとなる．IP は，データリンクの MTU の大きさに左右されない通信機能を上位層に提供する必要がある．例えば，上位層がデータリンクの MTU よりもサイズの大きいパケットの送信を要求した場合や，異なる MTU を持つデータリンクを経由する通信が必要な場合でも，上位層にデータリンクの特性の違いを意識させない通信機能を提供する必要がある．IP データグラ

ムをデータリンクの MTU に合わせて分割する処理を，フラグメンテーション (fragmentation) と呼ぶ。IP データグラムの分割は，ホストだけではなく，ルータでも実行される可能性がある。図 3.11 は，ルータで分割が起きる例である。送信ホストとルータ間では，FDDI を経由してデータの送受信が行われる。ルータは，イーサネットの MTU が 1500 バイトであるため，FDDI を経由して受信した 4324 バイトの IP データグラムをそのまま送信することはできない。よって，ルータは IP データグラムを分割して送信する必要がある。分割された IP データグラムは元のデータに再構築 (reassemble) される必要がある。再構築の処理は，受信ホストで行われる。

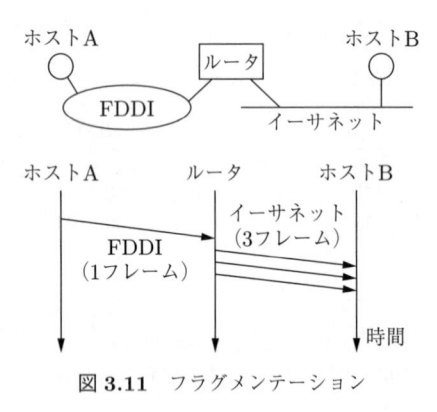

図 3.11 フラグメンテーション

3.3.2 A R P

IP では，IP アドレスを用いた IP データグラムの送受信機能を提供している。IP の下位層にあたるデータリンク層で IP から要求された IP データグラムを宛先ホストに届けるためには，宛先ホストまたは中継ノードの MAC アドレスが必要になる。このように，各ホストが他のホストやルータの MAC アドレス情報を得るためのプロトコルとして，**ARP** (address resolution protocol)[25] がある。ARP では，ARP 要求パケットと ARP 応答パケットの 2 種類のパケットを用いてアドレス解決を行う。ホスト X とホスト Y が通信する場合を考える。ホスト X は，ホスト Y の IP アドレスを含めた ARP 要求パケットをブロード

キャストする．ARP 要求パケットを受信したホストは，要求パケット内に記述された IP アドレスが自身のものであった場合，自身の MAC アドレスを含めた ARP 応答パケットをホスト X に返送する．この例では，ホスト Y が自身の MAC アドレスを含めた ARP 応答パケットをホスト X に返送する．

3.3.3 ICMP

IP は，コネクションレス型のプロトコルであり，パケットの到達を保証しない．IP では，IP データグラムが通信障害により宛先に到達しなかったとき，**ICMP**（internet control message protocol）[24] プロトコルを使用して障害の通知が行われる．ICMP の通知は，IP を使用して転送される．よって，階層モデルでは，ICMP は IP の上位層に位置するがトランスポート層のプロトコルではなく，IP の一部として考えられている．表 3.5 に ICMP のおもなメッセージの種類を示す．

表 3.5 ICMP のおもなメッセージの種類

タイプ（10 進コード）	内　容
0	エコー応答
3	到達不能
4	始点抑制
5	リダイレクト
8	エコー要求
9	ルータ通知
10	ルータ選択
11	時間超過
17	アドレスマスク要求
18	アドレスマスク応答

3.4　トランスポート層

3.3 節では，IP を用いて，IP データグラムがホスト間で送受信される仕組みを示した．トランスポート層は，ネットワーク上で通信を行うプロセス間（エンド-エンド間）の通信制御機能を提供する．本節では，トランスポート層の機

能を果たす二つのプロトコルである TCP（transmission control protocol）[18]と UDP（user datagram protocol）[19]について述べる。

3.4.1 ポート番号

ネットワークを介したプロセス間通信を実現するためには，各ホスト上で動作しているプロセスを一意に特定する必要がある。**ポート番号**は，各ホスト上で通信を行っているプロセスを特定するための番号である。IP アドレスとポート番号の組により，ネットワーク上に存在する通信相手のプロセスが特定できる。ポート番号は，通信を行うプロセス間であらかじめ合意されている必要がある。インターネットで広く利用されているアプリケーションでは，使用されるポート番号が予約されている。これらの通信ポートは，**ウェルノウンポート**（well-known port）と呼ばれている。ウェルノウンポートには，0〜1023 の番号が割り当てられている。

3.4.2 T C P

TCP（transmission control protocol）[18]は，IP の機能を用いて，二つのホスト間で通信された IP データグラムに含まれるデータ部を，送信元プロセスにより指定されたポート番号で動作している宛先プロセスに渡す機能を提供する。TCP は，IP ネットワーク上でデータの破損，紛失，重複なく送信順序が保証された信頼性の高い通信を提供する**コネクション型**（connection-oriented）のプロトコルである。TCP では，通信し合うプロセス間で，初めにコネクションを確立する。その後，プロセス間でデータ通信を行う。このために，TCP ではチェックサム（checksum）を用いたデータの破損確認や，**肯定確認応答**（positive acknowledgement; ACK）とタイマを用いた通信制御，ウィンドウ制御とフロー制御，コネクション管理などを用いて，信頼性のある通信を提供している。以下に各制御の概要を示す。

（1）データの破損確認　TCP で送受信されるプロトコルデータ単位を**セ**

グメント (segment) と呼ぶ．TCP では，送信する TCP セグメント全体からチェックサムを計算し，これを TCP セグメントのヘッダ部に格納して送信する．この TCP セグメントを受信した TCP のプロトコルモジュールは，受信した TCP セグメントからチェックサムの値を再計算する．この値と受信したデータに含まれるチェックサムの値を比較することで，データが伝送過程で破損しなかったことが確認できる．

（2） **ACK とタイマを用いた通信制御**　送信したセグメントが受信ホストに到達したとき，受信ホストは送信ホストにセグメントが到達したことを通知する．この応答を**肯定確認応答**（ACK）と呼ぶ．TCP では，シーケンス番号と ACK を用いてセグメントの受信確認を行う．ホスト A とホスト B の間で TCP セグメントを送受信する場合を考える．各 TCP セグメントには，これを送信する TCP プロトコルモジュールにより，シーケンス番号が付与される．シーケンス番号の初期値は，コネクションの確立時に決定される．以降，TCP セグメントに付与されるシーケンス番号は，送信データのバイト数を加算した値となる．ホスト A からホスト B に TCP セグメントを送信する例を以下に示す（図 **3.12** (a) 参照）．

1. ホスト A からホスト B へシーケンス番号 i を付与した 1000 バイトの TCP セグメント seg_i を送信する．
2. seg_i を受信したホスト B は，つぎに受信すべきシーケンス番号 $(i+1001)$

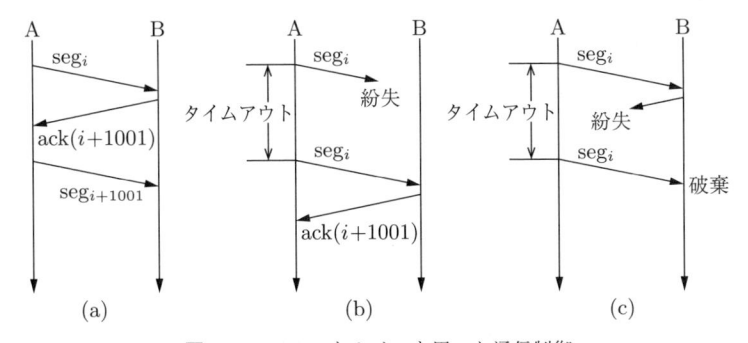

図 **3.12**　ACK とタイマを用いた通信制御

を格納した ACK として ack($i+1001$) をホスト A に返送する。

3. ack($i+1001$) を受信したホスト A は，シーケンス番号 $i+1001$ を付与したつぎに送信すべき TCP セグメント seg$_{i+1001}$ をホスト B に送信する。

シーケンス番号 i が付与された TCP セグメント seg$_i$ が紛失した場合を考える（図 3.12 (b)）。このとき，seg$_i$ に対する ack($i+1001$) がホスト B から返送されることはない。ホスト A は，seg$_i$ の送信と同時にタイマを設定する。ack($i+1001$) を受信できず，かつタイマが時間切れ（タイムアウト）となった場合，ホスト A は seg$_i$ が紛失したものと判断して，seg$_i$ の再送を行う。一方で，seg$_i$ に対する ack($i+1001$) が紛失する場合がある（図 3.12 (c)）。ホスト A は，seg$_i$ の紛失と ack($i+1001$) の紛失を区別することができないため，seg$_i$ がホスト B で受信されているにもかかわらず再送信する可能性がある。このとき，ホスト B は seg$_i$ を重複して受信することになる。ホスト B は，重複セグメントを破棄するために，ホスト A から受信したセグメントのシーケンス番号の最大値 j を保持する。ここで，ホスト B は，$i \leq j$ なるセグメントをすべて破棄することで，セグメントの重複受信を回避できる。また，シーケンス番号を使用して送信順序と同一の順序で TCP セグメントを受信することが可能である。以上のように，TCP では，ACK とタイマを用いた通信制御を行うことによって，メッセージの紛失と重複がなく，送信順序を保証した信頼性の高い通信が提供される。

（3）　ウィンドウ制御とフロー制御　3.4.2 項 (2) の手順では，1 セグメントごとに受信確認を行う必要がある。この手順では，通信を行うホスト間の往復遅延時間（round trip time; RTT）が長くなると，通信性能（スループット）が低下する。TCP では，ウィンドウ制御という制御方式を用いて，RTT が長くなった場合のスループットの向上を図っている。ウィンドウ制御では，送信した TCP セグメントの ACK を待つことなく，複数の TCP セグメントを送信することができる。ACK を待たずに送信できるセグメント数をウィンドウサイズと呼ぶ。つまり，ACK を受信したセグメントのシーケンス番号にウィンドウサイズを加えたセグメントまでを，順次連続的に送信できる。

図 **3.13** にウィンドウサイズが 3 の場合の例を示す．ここでは，単純化のためにセグメントのデータサイズを 1 バイトとしている．よって，シーケンス番号が 1 ずつ加算される．ホスト A は，最初にシーケンス番号が 1 から 3 の三つのセグメントをホスト B に送信する．ホスト B からセグメント 1 (seg_1) の ACK を受信した場合，ホスト A は，セグメント 4 ($\text{seg}_{1+3} = \text{seg}_4$) までのセグメントを送信することができる．このように，ACK を受信したセグメントのシーケンス番号にウィンドウサイズを加えた値までのセグメントを送信する方式を，**スライディングウィンドウ方式**と呼ぶ．

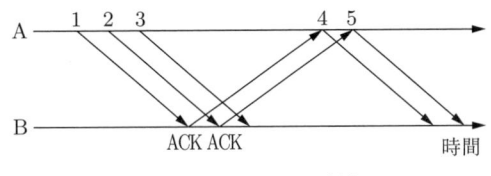

図 **3.13** ウィンドウ制御

ウィンドウ制御では，送信側と受信側でウィンドウサイズの整合性がとれている必要がある．TCP では，受信側が送信側に受信可能なウィンドウサイズを通知する仕組みをとっている．TCP のヘッダには，ウィンドウサイズを通知するフィールドが存在する．受信ホストは，受信可能なバッファサイズをこのフィールドに設定して送信側に送信する．このフィールドの値が大きければスループットが高くなる．受信側で受信バッファが溢れそうになると，このフィールドの値を小さくして，送信ホストの送信量を抑制する．すなわち，送信側は受信側の指示で送信量を抑制する．このような制御を**フロー制御**という．また，同様にウィンドウ制御を行うことで，ネットワークの輻輳も回避できる．

（**4**）**コネクション管理** TCP は**コネクション型**の通信プロトコルである．コネクションとは，通信を行う二つのホスト間で専有できる論理的な通信路であり，仮想回線（バーチャルサーキット）とも呼ばれる．TCP では，通信に先立ってコネクションを確立し，通信を行う 2 者間でシーケンス番号やウィンドウ制御など，通信で必要となるパラメータを決定しておく必要がある．TCP では，**スリーウェイハンドシェイク**（3-way handshake）という方法でコネク

ションを確立する。ホスト A とホスト B の間でコネクションを確立する場合の概要を以下に示す（図 3.14 参照）。

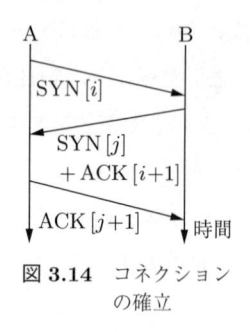

```
    A           B
    |  SYN[i]   |
    |---------->|
    |           |
    |  SYN[j]   |
    | +ACK[i+1] |
    |<----------|
    |           |
    | ACK[j+1]  |
    |---------->|  時間
    ↓           ↓
```

図 3.14 コネクションの確立

コネクションの確立手順

1. ホスト A は，A から B 宛の送信シーケンス番号の初期値 i を含んだ接続要求セグメント（SYN セグメント）を作成し，ホスト B に送信する。

2. ホスト A からの SYN セグメントを受信したホスト B は，B から A 宛の送信シーケンス番号 j を含んだ SYN セグメントを作成する。さらに，ホスト B は，ホスト A から受信した SYN セグメントの受信確認を行うために，ホスト A からつぎに受信すべきシーケンス番号 $i+1$ を含んだ ACK を作成し，SYN セグメントに含めてホスト A に返送する。

3. ホスト B から SYN と ACK（SYN+ACK）を含んだセグメントを受信したホスト A は，受信した SYN セグメントの受信確認を行うために，ホスト B からつぎに受信すべきシーケンス番号 $j+1$ を含んだ ACK を作成し，ホスト B に返送する。

以上の手順により，ホスト A とホスト B の間でたがいに送信に用いるシーケンス番号の初期値を交換することができる。

以下に TCP のコネクションの切断手順を示す。切断手順は，送信ホスト A と受信ホスト B のどちらからでも開始できる。ホスト A 側から切断手順を始める例を以下に示す（図 3.15 参照）。

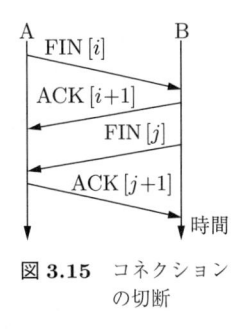

図 3.15 コネクションの切断

コネクションの切断手順

1. ホスト A からホスト B 宛に接続終了要求（FIN セグメント）を送信する。この FIN セグメントのシーケンス番号を i とする。
2. FIN セグメントを受信したホスト B は，ホスト A からつぎに受信すべきシーケンス番号 $i+1$ を含む ACK セグメントをホスト A に返送する。これにより，ホスト A からホスト B へのコネクションの切断が完了する。ただし，ホスト B からホスト A 宛の TCP セグメントの送信は続けることができる。
3. ホスト B からホスト A 宛に FIN セグメントを送信する。この FIN セグメントのシーケンス番号を j とする。
4. FIN セグメントを受信したホスト A は，ホスト B からつぎに受信すべきシーケンス番号 $j+1$ を含む ACK セグメントをホスト B に返送する。これにより，ホスト B からホスト A へのコネクションの切断が完了する。

3.4.3 U D P

UDP（user datagram protocol）[19]も TCP と同様に，二つのホスト間で通信された IP データグラムに含まれるデータ部を，送信元プロセスにより指定されたポート番号で動作している宛先プロセスに，IP の機能を用いて渡す機能を提供する。このデータ部は，UDP プロトコルによって送受信されるデータ単位であり，ユーザデータグラムと呼ばれる。UDP は TCP と異なり，信頼性を提供するための複雑な制御を行わない**コネクションレス**（connectionless）

型の通信を実現する。以下に UDP の特徴を示す。

- コネクション確立のオーバヘッドがない。
- **ユーザデータグラム**（user datagram）の受信確認は行わない。よって，送信途中でユーザデータグラムが紛失した場合，送信プロセスも受信プロセスもこれを検出できない。
- 送信順序を保証しない。宛先プロセスは，送信された順序とは異なる順序でユーザデータグラムを受信する可能性がある。
- フロー制御を行わない。

4 グループ通信

分散システムでアプリケーションを実現するためには，ネットワーク上に分散した複数のプロセス $p_1, \cdots, p_n$ ($n \geq 2$) がグループを構成し，たがいに通信しながら協調動作を行う必要がある．従来の TCP/IP などによる通信では二つのプロセス間の 1 対 1 の通信サービスが提供されるが，これに対して，**グループ通信**（group communication）では，複数プロセス間での多対多の通信サービスが提供されなければならない．グループ通信では，グループ内のあるプロセスから送信されたメッセージは，グループ内のすべてのプロセスで正しく受信される必要がある．以上のことから，グループ通信を実現するためには，信頼性および順序性を保証した多対多通信が必要となる．

4.1 グ ル ー プ

グループ g は，複数のプロセス $p_1, \cdots, p_n$ の集合である．グループは，**閉鎖グループ**と**開放グループ**に区別される[29),30)]．図 4.1 に示すように，閉鎖グループでは，グループの構成メンバであるプロセスのみがグループ内の他のプ

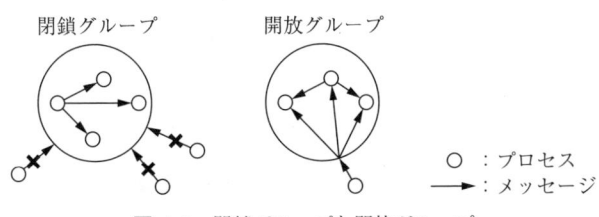

図 4.1 閉鎖グループと開放グループ

ロセスにメッセージをマルチキャストできる．一方，開放グループでは，グループの構成メンバでないプロセスがグループ内のプロセスに対して，メッセージをマルチキャストできる．あるプロセス p が複数のグループ $g_1, \cdots, g_m$ ($m \geq 2$) のメンバであるとき，グループ $g_1, \cdots, g_m$ を重複グループという．一方，グループ g 内のすべてのメンバが他のグループのメンバでないとき，グループ g を非重複グループという．本章では，閉鎖かつ非重複グループについて考える．

4.2 マルチキャスト

プロセス間の通信路をチャネル（channel）と呼ぶ．プロセス p_i がチャネルにメッセージ m を書き込むことを送信（send）と呼ぶ．また，チャネルからメッセージ m を読み出すことを受信（receive）と呼ぶ．チャネルから受信したメッセージ m をアプリケーションプロセス AP_i（または，メッセージ m を処理する他のプロセス）に引き渡すことを**配送**（deliver）と呼ぶ（図 **4.2** 参照）．

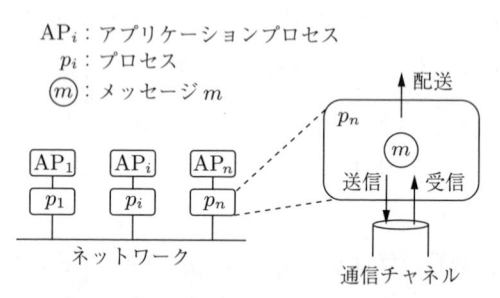

図 **4.2** メッセージ m の送信，受信，配送

送信元プロセスと宛先プロセスの間での 1 対 1 の通信を，**ユニキャスト**（unicast）という．TCP などのコネクション指向の通信を用いることで，メッセージの紛失や重複なく，送信順序が保証された信頼性のあるユニキャストが実現する．また，送信元プロセスからシステム内のすべてのプロセスに対して，一斉にメッセージを送信する方式を**ブロードキャスト**（broadcast）という．**マルチキャスト**（multicast）は，送信元プロセスから特定のグループに所属するプロ

セスに対してメッセージを送信する方式である．グループ通信では，グループ内のあるプロセスによって送信されたメッセージは，グループ内のすべて（または，グループ内のプロセスの部分集合）の正常なプロセスで正しく配送される必要がある．よって，グループ通信を実現するためには，マルチキャスト通信が必要となる．

4.2.1 基本マルチキャスト

マルチキャストを信頼性のあるユニキャストを用いて実現する場合を考える．$p_1, \cdots, p_n$ の n 個のプロセスにより構成されるグループ g 内で，プロセス p_i がグループ内のすべてのプロセスにメッセージ m をマルチキャストする場合を考える．このとき，送信元プロセス p_i と宛先プロセス p_j は，以下の処理を行う．

送信元プロセス

- 送信元プロセス p_i は，自身を含めたグループ g 内の全プロセス $p_1, \cdots, p_n$ に，信頼性のあるユニキャストを用いてメッセージ m を送信する．

宛先プロセス

- 宛先プロセス p_j は，受信したメッセージ m を配送する．

本書では，以上の処理で実現されるマルチキャストを**基本マルチキャスト**[29),31)]と呼ぶ．基本マルチキャストでは，送信元プロセス p_i で停止障害が発生しない限り，正常な宛先プロセスでいずれメッセージ m が配送されることが保証できる．ただし，送信元プロセスは，グループ内のすべてのプロセスにメッセージ m をマルチキャストするために，ユニキャストを用いた n 回の送信処理を実行する必要がある．また，信頼性のあるユニキャストでは，宛先プロセスはメッセージの受信確認応答を送信元プロセスに返信する．よって，グループ内のプロセス数の増加に伴い，宛先プロセスからの受信確認応答数が増大する．このとき，送信元プロセスが受信確認応答を処理しきれなくなる現象（ack-implosion）が発生する可能性がある．

4.2.2 信頼性のあるマルチキャスト

プロセスの停止障害が発生する環境で，マルチキャストを実現することを考える．以下の制約を満たすマルチキャスト通信を，信頼性のあるマルチキャスト[29), 31)]と呼ぶ．

- **正当性**（validity）：正常なプロセス p_i がメッセージ m をマルチキャストするならば，送信元プロセスである p_i はいずれメッセージ m を配送する．
- **合意**（agreement）：正常なプロセス p_i がメッセージ m を配送するならば，同一グループ内の他のすべての正常なプロセス p_j ($i \neq j$) は，いずれメッセージ m を配送する．
- **インテグリティ**（integrity）：グループ内のプロセス p_i がマルチキャストしたメッセージ m は，すべての正常なプロセスでたかだか 1 回配送される．

正当性制約は，正常な送信プロセスは自分自身にもメッセージを配送できることを意味する．合意制約は，**原子的なマルチキャスト**を保証するための制約である．インテグリティ制約は，信頼性のあるユニキャストと同等の通信が保証されることを意味する．原子的なマルチキャストでは，あるメッセージ m が，グループ内のすべての正常な宛先プロセスで配送されるか，どの正常な宛先プロセスでも配送されないかのいずれかであることを保証しなければならない．正当性と合意が保証される場合，あるプロセスでメッセージ m が配送されるならば，いずれグループ内のすべての正常な宛先プロセスでメッセージ m が配送されることが保証できる．

（ 1 ） 基本マルチキャストを使用した信頼性のあるマルチキャスト　　n 個のプロセス $p_1, \cdots, p_n$ により構成されるグループ g を考える．プロセス p_1 がグループ g 内のすべてのプロセスにメッセージ m をマルチキャストするとき，送信元プロセス p_1 と宛先プロセスは，以下の処理をする．

送信元プロセス

- 送信元プロセス p_1 は，メッセージ m を配送する．メッセージ m の配送完了後，他のすべてのプロセス $p_2, \cdots, p_n$ に，信頼性のあるユニキャストを用いてメッセージ m を送信する．

宛先プロセス

- メッセージ m を受信していなければ，メッセージ m を受信して配送する．メッセージ m を配送後，グループ内の他のすべての宛先プロセスにメッセージ m をマルチキャストする．
- メッセージ m をすでに受信していれば，メッセージ m を破棄する．

正常な送信元プロセスはメッセージ m を配送するため，正当性制約が保証される．また，プロセス間の通信で信頼性のあるユニキャストが用いられていること，および，宛先プロセスが重複メッセージを破棄することで，インテグリティ制約も保証される．正常なプロセスは，メッセージ m を配送後，グループ内の他のすべての宛先プロセスにメッセージ m をマルチキャストする．これにより，送信元プロセス p_i から送られたメッセージ m は，グループ内のすべての正常な宛先プロセスでいずれ配送される．すなわち，合意制約が保証される．送信元プロセス p_i がメッセージ m を配送する前に停止障害した場合を考える．このとき，メッセージ m が，グループ内の他のプロセスで受信されることはない．一方で，グループ内のある正常なプロセスでメッセージ m が配送されるならば，他のすべての正常な宛先プロセスでメッセージ m が配送されることが保証できる．よって，グループ内のプロセスが前述の手順を実施することで，原子的かつ信頼性のあるマルチキャストが保証される．

図 **4.3** は，プロセス p_1 が，メッセージ m を p_1 自身と p_4 に送信した後に停止した例である．このとき，メッセージ m を配送したプロセス p_4 は，メッセージ m を他のプロセス p_2, p_3 にマルチキャストする．これにより，正常なプロ

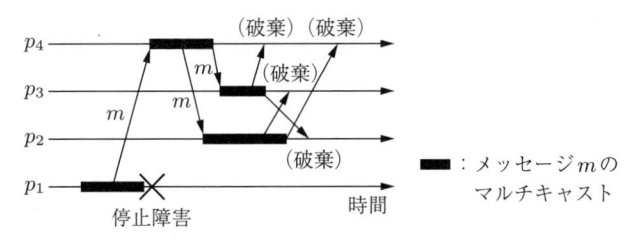

図 **4.3** 基本マルチキャストを使用した信頼性のあるマルチキャスト

セス p_2, p_3, p_4 でメッセージ m が配送される。

（2） IPマルチキャストを使用した信頼性のあるマルチキャスト　基本マルチキャストでは，送信元プロセスが信頼性のあるユニキャストを用いてメッセージをマルチキャストする。この場合，送信元プロセスは，一つのメッセージ m をマルチキャストするために複数回の送信処理を行う必要がある。一方，IPマルチキャスト[17],[32]を使用することにより，送信元プロセスは，1回の送信処理でメッセージ m を複数の宛先にマルチキャストすることができる。これにより，送信元プロセスの送信処理にかかる負荷が軽減できる。信頼性のあるマルチキャストを，IPマルチキャスト，肯定応答（acknowledgement），否定応答（negative acknowledgement）を用いて実現する場合を考える。グループ内の各プロセスは，メッセージ m をマルチキャストする際，肯定応答をメッセージ m に含める（piggyback）。グループ内の各プロセスは，メッセージの紛失を検出したとき，否定応答を送信することで紛失したメッセージの再送を依頼する。$p_1, \cdots, p_n$ の n 個のプロセスにより構成されるグループ g を考える。グループ内のプロセス p_i は，自身が送信したメッセージの通番を格納する変数 S_i を持つ。通番 S_i の初期値は 0 であり，プロセス p_i がメッセージをマルチキャストするときに 1 が加算される。また，プロセス p_i は，各プロセス p_j から受信したメッセージの通番を格納する変数 $R_i = \langle R_i[1], \cdots, R_i[n] \rangle$ を持つ。変数 $R_i[j]$ $(j = 1, \cdots, n)$ には，プロセス p_i が p_j から受信し，配送が完了したメッセージの通番が格納される。プロセス p_i がメッセージ m をマルチキャストするとき，メッセージ m に通番 S_i, R_i を含める。$m.S_i$ と $m.R_i$ は，メッセージ m に含められたそれぞれの通番情報を示す。プロセス p_j がプロセス p_i からのメッセージ m を受信したとする。このとき，メッセージ m を受信したプロセス p_j は，以下の処理をする。

- $m.S_i = R_j[i] + 1$ ならば，プロセス p_j はメッセージ m を配送し，$R_j[i]$ に 1 を加算する。すなわち，$m.S_i = R_j[i] + 1$ ならば，メッセージ m は，プロセス p_j がプロセス p_i からつぎに受信すべきメッセージであることが保証される。

4.2 マルチキャスト

- $m.S_i \leq R_j[i]$ ならば,プロセス p_j は,すでにメッセージ m を配送しているため,メッセージ m を破棄する.

- $m.S_i > R_j[i] + 1$ または $m.R_i[k] > R_j[k]$ ($k \neq i$) ならば,プロセス p_j は,$R_j[i] < m'.S_i < m.S_i$ なるメッセージ m' をプロセス p_i から受信していないか,または $R_j[k] < m''.R_k[k] < m.R_i[k]$ なるメッセージ m'' をプロセス p_k から受信していない.$m.S_i > R_j[i] + 1$ となるメッセージ m は,受信キューに格納され,配送条件が満足されしだい配送される.メッセージの紛失を検出した場合,プロセス p_j は,否定応答を送信元プロセス p_i またはプロセス p_k に送信し,紛失メッセージ m' または m'' の再送を要求する.

四つのプロセス p_1, p_2, p_3, p_4 のグループを考える.図 4.4 は,プロセス p_3 がメッセージ m_1 をマルチキャストした後,プロセス p_2 がメッセージ m_2 をマルチキャストした例である.ただし,プロセス p_3 からプロセス p_4 宛のメッセージ m_1 が紛失したとする.メッセージ m_1 に含まれる通番情報は,$m_1.S_3 = 1$ かつ $m_1.R_3 = \langle 0, 0, 0, 0 \rangle$ となる.メッセージ m_1 を受信したプロセス p_2 は,$m_1.S_3 = R_2[3] + 1 = 1$ を満たすため,メッセージ m_1 を配送し,$R_2[3]$ に 1 を加算する.メッセージ m_1 を配送後,プロセス p_2 はメッセージ m_2 をマルチキャストする.このとき,メッセージ m_2 に含まれる通番情報は,$m_2.S_2 = 1$ かつ $m_2.R_2 = \langle 0, 0, 1, 0 \rangle$ となる.メッセージ m_2 を受信したプロセス p_4 は,$m_2.S_2 = R_4[2] + 1 = 1$ を満たすため,メッセージ m_2 を配送し,$R_4[2]$

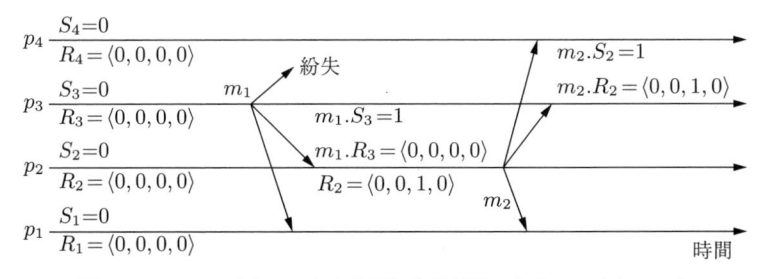

図 4.4 IP マルチキャストを使用した信頼性のあるマルチキャスト

に 1 を加算する。ここで，$m_2.R_2[3] = 1 > R_4[3] = 0$ となるため，プロセス p_4 は，プロセス p_3 からのメッセージ m_1 が紛失していることを検出する。よって，プロセス p_4 は，プロセス p_3 に通番 $S_3 = 1$ なるメッセージ m_1 の再送を依頼する。

4.3 メッセージの順序保証

グループ通信では，4.2.2 項で示したマルチキャスト通信の信頼性に加え，グループ内の各プロセスで送受信されたメッセージの配送順序の保証が重要である。グループ内で送信されたメッセージは，宛先プロセスにおいて定められた順序で配送される必要がある。メッセージの順序付けには，以下の種類がある。

- **送信順序**：正常なプロセス p_i がメッセージ m をマルチキャストした後，メッセージ m' をマルチキャストするならば，グループ内のすべての正常な宛先プロセスは，メッセージ m をメッセージ m' の前に配送しなければならない。
- **全順序**：正常なプロセス p_i がメッセージ m をメッセージ m' の前に配送するならば，他のすべての正常なプロセスも，メッセージ m をメッセージ m' の前に配送しなければならない。すなわち，グループ内のすべての正常なプロセスが，同一の順序でメッセージを配送しなければならない。
- **因果順序**：メッセージ m がメッセージ m' に因果先行する（$m \Rightarrow m'$）ならば，グループ内のすべての正常な宛先プロセスは，メッセージ m をメッセージ m' の前に配送しなければならない。

4.3.1 送信順序

送信順序を保証したメッセージの配送は，メッセージの通番を用いることで実現できる。4.2.2 項（1）で示した信頼性のあるマルチキャストと同様に，各プロセス p_i は，自身が送信したメッセージの通番を格納する変数 S_i と，各プロセス p_j から受信したメッセージの通番を格納する変数 $R_i = \langle R_i[1], \cdots, R_i[n] \rangle$

($j = 1, \cdots, n$) を持つ。プロセス p_i がメッセージ m をマルチキャストするとき，送信通番 S_i に 1 が加算される。プロセス p_i は，メッセージ m に送信通番 S_i を含める。プロセス p_i からのメッセージ m を受信したプロセス p_j は，以下の処理をする。

- $m.S_i = R_j[i] + 1$ ならば，メッセージ m は，プロセス p_j がプロセス p_i からつぎに受信すべきメッセージである。よって，プロセス p_j はメッセージ m を配送し，$R_j[i]$ に 1 を加算する。
- $m.S_i \leq R_j[i]$ ならば，プロセス p_j はすでにメッセージ m を配送しているため，メッセージ m を破棄する。
- $m.S_i > R_j[i] + 1$ ならば，プロセス p_j は，$R_j[i] < m'.S_i < m.S_i$ なるメッセージ m' をプロセス p_i から受信していない。よって，メッセージ m は受信キューに格納され，配送条件 ($m.S_i = R_j[i] + 1$) が整いしだい配送される。

以上の手順により，メッセージを送信順に配送することができる。4.2.2 項 (1) で示した信頼性のあるマルチキャストでは，送信順序が保証される。

4.3.2 全　順　序

全順序を保証するためには，グループ内のすべてのプロセスが同一の順序でメッセージを配送する必要がある。このためには，グループ内で送受信されたすべてのメッセージを全順序付ける必要がある。グループ内で一意となる通番をメッセージに付与することで，メッセージの全順序付けを実現する方法が提案されている。

（１）集中方式　　グループ内でメッセージの通番管理を行うプロセスを定める。グループ内でメッセージの通番管理を行うプロセスをシーケンサ (sequencer)[33],[34] と呼ぶ。シーケンサは，グループ内で一意となる通番 seq を持つ。また，各プロセス p_i は，つぎに配送すべきメッセージの通番を示す変数 rec_i を持つ。グループ内のプロセス p_i がメッセージ m をマルチキャストするとき，送信元プロセス p_i と宛先プロセス p_j は，以下の処理を行う。

- プロセス p_i は，メッセージ m をシーケンサ p_s を含めたすべての宛先プロセスにマルチキャストする．
- 送信元プロセス p_i からメッセージ m を受信した宛先プロセス p_j は，メッセージ m を受信キューに格納する．
- 送信元プロセス p_i からメッセージ m を受信したシーケンサ p_s は，メッセージ m に通番 seq を付与する．つぎに，メッセージ m に通番 seq を含めたメッセージ m.seq をすべての宛先プロセスにマルチキャストする．シーケンサ p_s は，メッセージ m.seq をマルチキャストした後，通番 seq に 1 を加算する．
- シーケンサからメッセージ m.seq を受信したプロセス p_j は，受信キューに格納したメッセージ m に，シーケンサによって付与された通番 seq を付与する．ここで，メッセージ m に付与された通番が，つぎに配送すべきメッセージを示す通番 rec_i と等しければ（$m.\text{seq} = \text{rec}_i$），メッセージ m を配送後，通番 rec_i に 1 を加算する．

図 4.5 は，プロセス p_1, p_2 が，メッセージ m_1, m_2 をマルチキャストした例である．シーケンサ p_s は，メッセージ m_1, m_2 にそれぞれ通番 $m_1.\text{seq} = 0$ と $m_2.\text{seq} = 1$ を付与する．通番を受け取った各プロセス p_1, p_2, p_3 は，メッセージ m_1, m_2 を通番の昇順で配送する．以上の処理により，メッセージの全順序保証が実現する．集中方式では，シーケンサが性能のボトルネックになる可能性がある．また，シーケンサが単一障害点となる．文献35) では，トーク

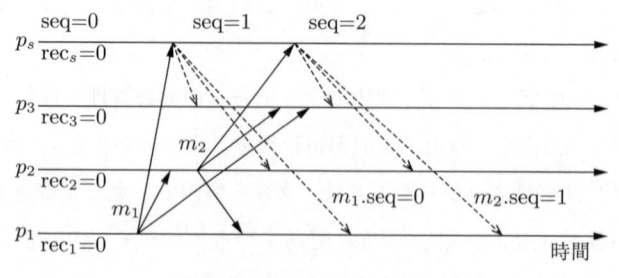

図 4.5 全順序（集中方式）

ン（token）を使用した全順序保証のプロトコルが提案されている．グループ内でトークンを得たプロセスが，シーケンサの役割を持ち，かつメッセージのマルチキャストを行う．これにより，シーケンサで発生するボトルネックを軽減することができる．また，シーケンサが単一障害点となる問題が解消できる．

（2）分散方式 分散方式[36]では，シーケンサが存在しない．よって，メッセージ m にグループ内で一意となる通番を付与するために，送信元プロセスと宛先プロセスの間で通番を決定するための通信が必要となる．ただし，プロセス間の通信で送信順序が保証されていると仮定する．分散方式では，2種類の通番を用いてメッセージ m にグループ内で一意の通番を付与する．メッセージ m に対して付与される通番で，グループ内で合意がとられた通番を，合意通番と呼ぶ．一方，メッセージ m を受信したプロセスが，一時的にメッセージ m に対して付与する通番を暫定通番と呼ぶ．グループ内の各プロセス p_i は，最新の合意通番と暫定通番を格納する変数 A_i, a_i を持つ．グループ内のプロセス p_i がメッセージ m をマルチキャストするとき，送信元プロセス p_i と宛先プロセス p_j は，以下の処理を行う．

- プロセス p_i は，メッセージ m をグループ内のプロセスにマルチキャストする．
- メッセージ m を受信した宛先プロセス p_j は，メッセージ m に暫定通番を付与する．暫定通番は，p_j の持つ合意通番 A_j と暫定通番 a_j の最大値に 1 を加えた値とする（$a_j = \max(A_j, a_j) + 1$）．プロセス p_j は，メッセージ m の暫定通番を送信元プロセスに送信する．また，暫定通番 a_j を付与したメッセージ m を自身の受信キューに格納する．プロセス p_j の受信キューは，メッセージに付与された通番の昇順に並べ替えられる．
- 送信元プロセス p_i は，すべての宛先プロセスから受信した暫定通番の最大値 $\mathrm{MA} = \max(a_1, \cdots, a_n)$ をメッセージ m の合意通番として選択し，すべての宛先プロセスにマルチキャストする．
- 送信元プロセス p_i からの合意通番 MA を受信したプロセス p_j は，自身の持つ合意通番 A_j と送信元プロセスから受信した合意通番 MA の大き

いほうの値を最新の合意通番として A_j に保存する。また，送信元プロセス p_i から受信した合意通番 MA をメッセージ m に付与する。宛先プロセス p_j の受信キューにあるメッセージは，メッセージに付与された通番の昇順に並べ替えられる。ここで，宛先プロセス p_j は，異なるメッセージに対して，複数の送信元プロセスから同一の合意通番を受信する可能性がある。このとき，これらの合意通番は，送信元プロセス番号によって全順序付けられる。宛先プロセス p_j が受信キュー内のすべてのメッセージに対して，合意通番を受信していれば，受信キュー内の先頭メッセージ m を配送する。

以上の手順により，システム内で送信された任意の二つのメッセージは，各宛先プロセスで同一の順序で配送されることが保証される。ただし，任意の二つのメッセージに対して，送信順序配送が保証されるとは限らない。

図 **4.6** は，プロセス p_1, p_4 がメッセージ m_1, m_2 をマルチキャストした例である。この例では，送信元プロセス p_1, p_4 がそれぞれメッセージ m_1, m_2 に対して，すべての宛先プロセスから受信した暫定通番の最大値は，ともに 2 となる。よって，送信元プロセス p_1, p_4 は，メッセージ m_1, m_2 の合意通番として $m_1.\text{MA} = 2$ と $m_2.\text{MA} = 2$ をすべての宛先プロセスにマルチキャストする。ここで，メッセージ m_1, m_2 の合意通番は同一の値となる。この場合，二つのメッセージ m_1, m_2 は，送信元プロセス番号で順序付けられる。図 4.6 の例では，プロセス番号の昇順で順序付けられるものとする。よって，すべての宛先プロセスでメッセージ m_1, m_2 の順で配送される。

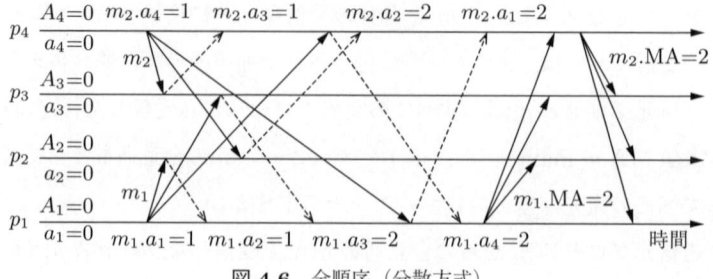

図 **4.6**　全順序（分散方式）

4.3.3 因果順序

プロセス p_i でのメッセージ m の送信事象を $s_i[m]$ とする。2.3 節で示した，分散システム内のイベント間の先行関係（$\Rightarrow$）を用いて，メッセージ間の因果順序（causal order）を定義する。

定義 4.1 （メッセージ間の因果順序）

任意の二つのメッセージ m, m' について，$s_i[m] \Rightarrow s_i[m']$ のとき，かつそのときに限り，メッセージ m はメッセージ m' に因果先行（$m \Rightarrow m'$）する。

因果順序配送[35] では，メッセージ m がメッセージ m' に因果先行する（$m \Rightarrow m'$）ならば，グループ内のすべての正常な宛先プロセスは，メッセージ m をメッセージ m' よりも前に配送しなければならない。分散システムで因果順序配送を実現するために，2.5.3 項で示したベクタ時間が用いられる。n 個のプロセス $p_1, \cdots, p_n$ により構成されるグループ g を考える。ここで，各プロセス p_i は，n 次元のベクトル $vc_i = \langle vc_i[1], \cdots, vc_i[n] \rangle$ を持つ。$vc_i[k]$ は，ベクトル vc_i の k 番目の要素である。ベクタ時間の各要素の初期値は 0 である。プロセス p_i がメッセージ m を送信する場合，および，メッセージ m をプロセス p_j から受信する場合の処理を以下に示す。

送信処理
- $vc_i[i] = vc_i[i] + 1$ とし，メッセージ m に更新したベクタ時間 vc_i を含めてマルチキャストする。$m.vc_i$ をプロセス p_i によって送信されたメッセージ m に含まれるベクタ時間とする。

受信処理
- $m.vc_j[j] = vc_i[j] + 1$ かつ $m.vc_j[k] \leq vc_i[k]$ （$k \neq j$）であれば，メッセージ m を配送し，$vc_i[j] = vc_i[j] + 1$ とする。
- 以上の条件を満たさない場合，条件を満たすまでメッセージ m を受信キューに保存する。

図 4.7 の例で，プロセス p_3 がプロセス p_2 からのメッセージ m_4 を受信した場合を考える．このとき，プロセス p_3 のベクタ時間は $\langle 1,1,0 \rangle$ である．ここで，$m_4.vc_2[2] = vc_3[2] + 1 \ (= 2)$ であるため，メッセージ m_4 は，プロセス p_3 がプロセス p_2 からつぎに受信すべきメッセージである．ただし，$m_4.vc_2[1] = 2 \leq vc_3[1] = 1$ であるため，プロセス p_3 は，プロセス p_1 が送信したメッセージ m_4 に因果先行するメッセージ m_3 を受信していないことを検出する．よって，メッセージ m_4 の配送は，プロセス p_3 がメッセージ m_3 を配送するまで待たされる．

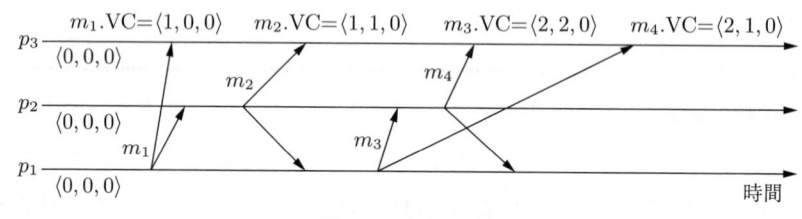

図 4.7　因果順序

5 トランザクション管理

　分散システムでは，ファイルやデータベースなどの情報資源（オブジェクト）が，ネットワーク上に分散したサーバで管理される。**オブジェクト**（object）とは，データ構造とこれを操作する演算とを一体化（カプセル化）したものである。例えば，ファイルシステムでは，ファイルに対して read や write などの操作演算が一体化される。分散アプリケーションを実現するためには，ネットワーク上に分散したオブジェクトを操作する必要がある。分散システムでオブジェクトを操作する処理の単位として，**トランザクション**（transaction）がある。トランザクションとは，サーバ上で管理されるオブジェクトに対して，クライアントから発行される一つ以上の基本演算の実行系列である。分散アプリケーションを実現するためには，複数のクライアントからトランザクションが発行される環境のもとで，ファイルやデータベースなどのオブジェクトの状態を正しく保つと同時に，システム全体のスループットを高める必要がある。このための制御が同時実行制御である。本章では，分散システムでの処理単位であるトランザクションと同時実行制御について述べる。

5.1 トランザクション

　トランザクション[37]とは，分散システム内でオブジェクトを操作するための処理の単位である。トランザクションは，オブジェクトに対する一つ以上の基本演算の実行系列であり，以下の ACID 特性[38]を満たす。

定理 5.1 （トランザクションの ACID 特性）

1. 原子性（atomicity）：トランザクション内のすべての操作演算が実行されるか，どの操作演算も実行されないかのいずれかである。
2. 一貫性（consistency）：トランザクションを単独で実行させたときに，その実行前後でオブジェクトの持つデータの整合性が保たれ，矛盾のない状態が保たれる。
3. 独立性（isolation）：トランザクションが操作中のデータは，他のトランザクションから参照できない。
4. 耐久性（durability）：トランザクションが正常終了したとき，更新結果は記録され，消失しない。

基本操作演算　トランザクション T_i が発行するサーバ s_t 上のオブジェクト x に対する操作演算を抽象化して考えると，操作演算は以下の二つの基本操作演算に分類される。

1. $r_{it}[x]$：オブジェクト x の値を読み出す（read）演算
2. $w_{it}[x]$：オブジェクト x に値を書き込む（write）演算

例えば，リレーショナルデータベースシステムに格納されたテーブルオブジェクトに対する SQL[37),39)] の `select` 文は，read 演算に対応する。また，`insert`，`update`，`delete` 文は，write 演算に対応する。

トランザクションの開始/終了演算　トランザクション T_i が発行する演算には，基本操作演算に加えて，トランザクションを開始・終了するための演算がある。

1. b_i：トランザクション T_i を開始（begin）させる演算
2. c_i：トランザクション T_i を正常終了（commit）させる演算
3. a_i：トランザクション T_i を異常終了（abort）させる演算

初めに，クライアント C は，操作対象のオブジェクト x を管理するサーバ s_t にトランザクション T_i の開始演算（b_i）を送信する（**図 5.1**）。トランザク

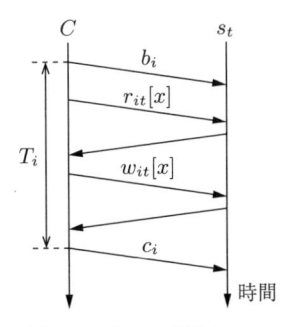

図 5.1 トランザクション

ション T_i は，オブジェクトに対する操作演算（$r_{it}[x]$ または $w_{it}[x]$）を送信する。すべての操作演算が正常終了した場合にのみ，トランザクション T_i はコミット（c_i）をサーバ s_t に送信し，正常終了する。一方で，一つでも操作演算を正常に終了できなかった場合は，アボート（a_i）をサーバ s_t に送信する。これにより，完了したすべての操作を無効として，トランザクション T_i は，異常終了する。トランザクション T_i は，トランザクションの開始（b_i）からコミット（c_i）またはアボート（a_i）までである。SQL でのトランザクションの開始演算（b_i）は BEGIN TRANSACTION である。また，コミット（c_i）とアボート（a_i）は，それぞれ COMMIT および ROLLBACK と記述する。

5.2 同時実行制御

分散システムで複数のトランザクションが同時に実行される環境のもとで，ファイルやデータベースなどのオブジェクトが持つデータの整合性を保つとともに，システム全体のスループットを向上させる必要がある。このための制御が**同時実行制御**（concurrency control）[37],[40] である。

5.2.1 トランザクションの実行方式

システムのスループットを向上させるためのトランザクションの実行方式として，以下の方法がある。

1. **インタリーブ実行**：あるトランザクション T_i が操作演算 r_{it} と w_{it} を実行しているとき，サーバ s_t の CPU は操作演算の終了待ちとなる．このような CPU の待ち時間を利用して，他のトランザクション T_j の操作演算を実行させることをインタリーブ (interleave) 実行という．インタリーブ実行により，単一サーバ上で，単位時間内に処理できるトランザクション数が増加する．

2. **並列実行**：複数のトランザクション $T_1, \cdots, T_m$ $(m \geq 1)$ を複数のサーバ $s_1, \cdots, s_n$ $(n \geq 1)$ で並列実行する．各サーバ s_t では，$T_1, \cdots, T_m$ から発行された操作演算がインタリーブ実行される．

インタリーブ実行と並列実行により，システムのスループットを向上させることができる．一方で，複数のトランザクションを任意にインタリーブ実行，並列実行すると，オブジェクトが持つデータの整合性を保てなくなる可能性がある．

（1）紛失更新　　複数トランザクションのインタリーブ実行に伴い発生する紛失更新 (lost update) について考える．サーバ s_t がオブジェクト x を持つとする．オブジェクト x の初期値は，数値 100 とする．トランザクション T_1 は，オブジェクト x の値に 10 を加算し，T_2 はオブジェクト x の値を 2 倍にするトランザクションとする．ここで，T_1 と T_2 が**表 5.1** に示す順序でインタリーブ実行されたとする．トランザクション T_1 は，時刻 t_1 でオブジェクト x の値を read する．T_1 は read した値 100 に 10 を加え，時刻 t_3 でオブジェクト x の値を 110 に更新する．一方，トランザクション T_2 は，時刻 t_2 でオブジェ

表 **5.1**　紛失更新

時刻	トランザクション T_1	トランザクション T_2	x の値
t_0			100
t_1	$r_{1t}[x]$ $(x = 100)$		100
t_2		$r_{2t}[x]$ $(x = 100)$	100
t_3	$w_{1t}[x]$ $(x = x + 10)$		110
t_4	c_1		110
t_5		$w_{2t}[x]$ $(x = x \times 2)$	200
t_6		c_2	200

クト x の値を read する。T_2 は read した値 100 を 2 倍し，時刻 t_5 でオブジェクト x の値を 200 に更新する。結果として，T_1 の更新が T_2 の更新により上書きされるため，時刻 t_6 において，オブジェクト x の持つ数値データは 200 となる。このように，紛失更新とは，あるトランザクションによって更新されたデータが別のトランザクションの更新により失われてしまう現象のことである。

（2）不整合検索 複数トランザクションのインタリーブ実行に伴い発生する不整合検索（inconsistent retrieval）について考える。サーバ s_t がオブジェクト x, y を持つとする。オブジェクト x, y の初期値は，それぞれ数値 100 とする。トランザクション T_1 は，オブジェクト x から 10 を減算し，y に 10 を加算する。トランザクション T_2 は，オブジェクト x, y の値を合計する。ここで，T_1 と T_2 が**表 5.2** に示す順序で同時実行されたとする。結果として，トランザクション T_2 が計算したオブジェクト x, y の値の合計値は 190 であり，正しい値ではなくなる。このように，不整合検索とは，あるトランザクションの中間結果を別のトランザクションが読むことにより，一貫性のないデータを取得してしまう現象のことである。

表 5.2 不整合検索

時刻	トランザクション T_1	トランザクション T_2	x の値	y の値
t_0			100	100
t_1	$r_{1t}[x]$ $(x=100)$		100	100
t_2	$w_{1t}[x]$ $(x=x-10)$		90	100
t_3		$r_{2t}[x]$ $(x=90)$	90	100
t_4		$r_{2t}[y]$ $(y=100)$	90	100
t_5	$r_{1t}[y]$ $(y=100)$		90	100
t_6	$w_{1t}[y]$ $(y=y+10)$		90	110
t_7	c_1		90	110
t_8		c_2	90	110

5.2.2 直列可能性

複数のトランザクションを，あるトランザクションが完了した後につぎのトランザクションが開始されるように一つずつ実行することを，直列実行と呼ぶ。5.1 節で述べたように，トランザクションは ACID 特性を満たす。よって，トランザクションを単独で実行した場合は，分散システム内のオブジェクトは正

しい状態に保たれる．このことから，複数のトランザクションが直列に実行された場合，分散システム内のオブジェクトを正しい状態に保つことができる．複数のトランザクションがインタリーブ実行，並列実行された結果が，直列実行された結果と同一であることをもって，インタリーブ実行，並列実行の正当性が保証される[40],[41]．

（1）**競合演算** $\mathrm{op}_{it}[x]$ をトランザクション T_i の演算で，サーバ s_t 内のオブジェクト x に対する操作演算とする．op は，read (r) または write (w) 演算である．トランザクション T_i, T_j の演算 $\mathrm{op}_{it}[x]$ と $\mathrm{op}_{jt}[x]$ を考える．

定義 5.1　（競合演算）

　二つの演算 $\mathrm{op}_{it}[x]$ と $\mathrm{op}_{jt}[x]$ の実行順序により演算結果が異なるとき，演算 $\mathrm{op}_{it}[x]$ と $\mathrm{op}_{jt}[x]$ は**競合する**（conflict）という．

---

read 演算と write 演算の競合関係を**表 5.3** に示す．

表 5.3　read 演算と write 演算の競合関係

演算の組合せ		競合	理　由
read	read	なし	二つの read 演算の実行結果は，実行順序に依存しない
read	write	あり	read と write 演算の実行結果は，実行順序に依存する
write	write	あり	二つの write 演算の実行結果は，実行順序に依存する

（2）**実行履歴**　複数のトランザクション $T_1, \cdots, T_m$ ($m \geq 1$) が複数のサーバ $s_1, \cdots, s_n$ ($n \geq 1$) 内のオブジェクトを操作する場合を考える．各サーバ s_t は，複数のトランザクションから発行された演算を一つずつ直列にインタリーブ実行する．この演算の実行履歴 H_t をサーバ s_t の**ローカル履歴**（local history）とする．ローカル履歴 $H_1, \cdots, H_n$ の集合をトランザクション $T_1, \cdots, T_m$ の履歴 H とする．

（3）**トランザクションの順序関係**　二つのトランザクション T_i, T_j に対して，以下が成り立つとき，履歴 H 内でトランザクション T_i は T_j に先行する ($T_i \Rightarrow_H T_j$)．

- あるローカル履歴 H_t で T_i の演算 op_{it} と T_j の演算 op_{jt} が競合し，op_{it} が op_{jt} に先行して実行される．

（4）**直列可能性** 　トランザクション $T_1, \cdots, T_m$ の履歴 H について考える．

定義 5.2 　（直列可能性）

トランザクション $T_1, \cdots, T_m$ の履歴 H について，トランザクションの先行関係 $\Rightarrow_H$ が全順序関係ならば，履歴 H は直列可能(serializable)[29),40),41)]である．

例として，2 台のサーバ s_1, s_2 がおのおのオブジェクト x, y を保有しているとする．ここで，トランザクション T_1 は，サーバ s_1 のオブジェクト x を read した後に，サーバ s_2 のオブジェクト y を write するとする．すなわち，$T_1 = r_{11}[x]; w_{12}[y]$ である．また，トランザクション T_2 は，サーバ s_1 のオブジェクト x を read して write した後に，サーバ s_2 のオブジェクト y を read して write するとする．すなわち，$T_2 = r_{21}[x]; w_{21}[x]; r_{22}[y]; w_{22}[y]$ である．ここで，図 5.2 に示すサーバ s_1, s_2 のおのおののローカル履歴 H_1, H_2 を考える．ローカル履歴 H_1 では，オブジェクト x に対する read 演算と write 演算が競合するが，トランザクション T_1 の $r_{11}[x]$ の後に，トランザクション T_2 の $w_{21}[x]$ が実行されている．よって，$T_1 \Rightarrow_{H_1} T_2$ である．ローカル履歴 H_2 でも，トランザクション T_1 の $w_{12}[y]$ の後に，トランザクション T_2 の $r_{22}[y]$

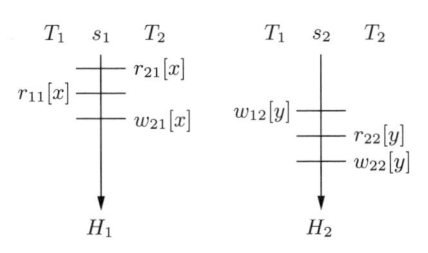

図 **5.2**　直列可能な履歴

と $w_{22}[y]$ が実行されている。よって，$T_1 \Rightarrow_{H_2} T_2$ である。また，ローカル履歴 H_1, H_2 では，トランザクションの順序関係 $\Rightarrow_{H_1}, \Rightarrow_{H_2}$ は，全順序関係である。このため，ローカル履歴 H_1, H_2 は直列可能である。全体履歴 $H = \{H_1, H_2\}$ では，オブジェクト x に対するトランザクション T_1 の $r_{11}[x]$ の後に，トランザクション T_2 の $w_{21}[x]$ が実行されている。また，オブジェクト y に対してもトランザクション T_1 の $w_{12}[y]$ の後に，トランザクション T_2 の $r_{22}[y]$ と $w_{22}[y]$ が実行されている。よって，$T_1 \Rightarrow_H T_2$ となり，履歴 H は直列可能である。全体履歴 H は，トランザクション T_1，ついでトランザクション T_2 と直列実行したものと同じ結果となる。

つぎに，図 **5.3** に示すローカル履歴を考える。ここで，サーバ s_1 のローカル履歴 H_1 では，$T_1 \Rightarrow_{H_1} T_2$ である。一方，サーバ s_2 のローカル履歴 H_2 では，$T_2 \Rightarrow_{H_2} T_1$ である。このローカル履歴 H_1, H_2 は，おのおの直列可能であるが，全体履歴 H では，$T_1 \Rightarrow_H T_2$ かつ $T_2 \Rightarrow_H T_1$ となり，順序関係 $\Rightarrow_H$ は全順序関係ではなくなる。このため，全体履歴 H は直列可能ではない。

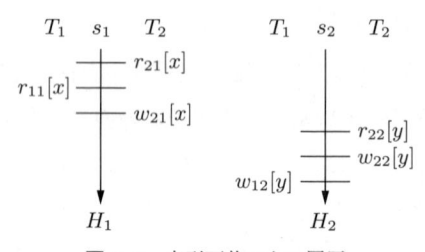

図 **5.3** 直列可能でない履歴

直列可能性は，複数のトランザクションのインタリーブ実行，並列実行の正しさの根拠となる必要条件であり，重要である。履歴が直列可能なら，どのような応用においても正しい履歴となる。データベースシステムであれば，直列可能となるように複数のトランザクションが実行されれば，データベースのインテグリティ条件が満たされる。しかしながら，ある応用で正しい履歴が直列可能とは限らない。

(5) **直列可能性の判定**　以下の**順序グラフ**（precedence graph）を用いて，履歴 H の直列可能性（serializability）を判定することができる。

定義 5.3　（順序グラフ）

履歴 H に対して，以下の手順で得られる有向グラフ G を履歴 H の順序グラフとする。

1. H 内の各トランザクション T_i に対して，節点 T_i を設ける。
2. 任意のトランザクション T_i, T_j に対して，T_i の演算 op_{it} と T_j の演算 op_{jt} が競合し，op_{it} が op_{jt} に先行して実行されるとき，節点 T_i から T_j に有向辺 $T_i \to T_j$ を設ける。

定義 5.4　（直列可能性）

履歴 H の順序グラフ G が巡回閉路を含まないとき，履歴 H は**直列可能**（serializable）[29],[40],[41] である。

例として，図 5.2 に示した直列可能な全体履歴 H を考える。図で節は節点，矢印は有向辺を示す。$T_1 \Rightarrow_H T_2$ であるので，節点 T_1 から T_2 に有向辺がある。この全体履歴 H についての順序グラフを**図 5.4** に示す。この順序グラフは巡回閉路を含まない。

$$\boxed{T_1} \longrightarrow \boxed{T_2}$$

図 5.4　直列可能な履歴 H の順序グラフ

一方，図 5.3 に示した直列可能でない全体履歴 H についての順序グラフを**図 5.5** に示す。この順序グラフでは，節点 T_1 から T_2 および節点 T_2 から T_1 への有向辺があり，巡回閉路となる。

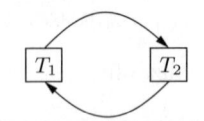

図 5.5 直列可能でない履歴 H の順序グラフ

任意のトランザクション T_i, T_j に対して，T_i と T_j の競合するすべての演算が，すべてのオブジェクト上で同一の順序で実行されるならば，履歴 H を直列可能にすることができる．複数のトランザクションを直列可能となるように同時実行制御することで，紛失更新と不整合検索が回避できる．

5.2.3 アボートからの復旧

本項では，トランザクションがアボートした場合の復旧について述べる．

（1）復旧可能性　　サーバ s_t 内のオブジェクト x に対して，二つのトランザクション T_1, T_2 が表 5.4 に示す順序でインタリーブ実行された場合を考える．オブジェクト x の初期値は，数値 100 とする．トランザクションの独立性は，あるトランザクションが実行中のデータを他のトランザクションから参照できないことを保証する．**汚い読出し**（dirty read）は，あるトランザクション T_2 が他のトランザクション T_1 の中間結果を読み出すことにより発生する．

表 5.4 汚い読出し

時刻	トランザクション T_1	トランザクション T_2	x の値
t_0			100
t_1	$r_{1t}[x]\ (x=100)$		100
t_2	$w_{1t}[x]\ (x=x+10)$		110
t_3		$r_{2t}[x]\ (x=110)$	110
t_4		$w_{2t}[x]\ (x=x\times 2)$	220
t_5		$c_2\ (\text{commit } T_2)$	220
t_6	$a_1\ (\text{abort } T_1)$		220

表 5.4 では，トランザクション T_1 が時刻 t_1 でサーバ s_t 上のオブジェクト x の値 100 を read し，その値に 10 を加算した値 110 を時刻 t_2 で write している．つぎに，トランザクション T_2 がオブジェクト x の値 110 を read し，その

値を 2 倍した値 220 を write している。この二つのトランザクションの実行履歴は直列可能である。ここで，トランザクション T_2 がコミットした後，トランザクション T_1 がアボートしたとする。トランザクション T_2 は，すでにコミットしているためアボートできない。結果として，T_2 は，オブジェクト x 上の存在しない値 110 を read したこととなる。このような状態を，T_2 は，汚い読出しを行ったという。

表 5.4 のように，ある履歴 H において，あるトランザクション T_2 が他のトランザクション T_1 によって書かれた値を読んでいる場合を考える。このとき，T_2 がコミットするためには，T_1 が T_2 よりも先にコミットしている必要がある。もし，T_1 が T_2 よりも先にコミットしていれば，履歴 H は**復旧可能**（recoverable）となる。そうでない場合，履歴 H は復旧不可能となる。例えば，**表 5.5** では，トランザクション T_2 が他のトランザクション T_1 によって書かれた値を読んでいるが，T_1 が T_2 よりも先にコミットしているため，この履歴は復旧可能である。

表 **5.5** 復旧可能な履歴

時刻	トランザクション T_1	トランザクション T_2	x の値
t_0			100
t_1	$r_{1t}[x]$ $(x = 100)$		100
t_2	$w_{1t}[x]$ $(x = x + 10)$		110
t_3		$r_{2t}[x]$ $(x = 110)$	110
t_4		$w_{2t}[x]$ $(x = x \times 2)$	220
t_5	c_1 (commit T_1)		220
t_6		c_2 (commit T_2)	220

（**2**）**連鎖的アボート**　表 5.5 において，トランザクション T_1 がアボートした場合を考える。トランザクション T_2 は，T_1 の書いた値を読んでいる。よって，T_1 のアボートに伴い，T_2 もアボートする必要がある。このように，あるトランザクションのアボートにより他のトランザクションもアボートすることを，**連鎖的アボート**（cascading abort）という。ある履歴 H において，あるトランザクション T_2 が他のトランザクション T_1 によって書かれた値を読む

場合を考える．このとき，T_1 が T_2 の読み込みよりも前にコミットしていれば，連鎖的アボートが回避できる．

（3）厳格性　異なるトランザクション間での read 演算と write 演算の関係をもとに，汚い読出しと連鎖的アボートについて議論した．つぎに，異なるトランザクションの write 演算の関係について考える．$w_j[x]$ をオブジェクト x に対するトランザクション T_j の write 演算とする．履歴 H 内で，$w_j[x]$ が他のトランザクション T_i の任意の read 演算（$r_i[x]$）または write 演算（$w_i[x]$）に先行するとき，トランザクション T_j が $r_i[x]$ または $w_i[x]$ の前にコミットまたはアボートするならば，**履歴 H は厳格**（strict）であるという．**表 5.6** では，$w_{1t}[x]$ が $r_{2t}[x]$ および $w_{2t}[x]$ に先行して実行されている．また，T_1 が $r_{2t}[x]$ よりも前に $w_{1t}[x]$ でコミットしているため，履歴 H は厳格となる．

表 5.6　厳格な履歴

時刻	トランザクション T_1	トランザクション T_2	x の値
t_0			100
t_1	$r_{1t}[x]$ （$x = 100$）		100
t_2	$w_{1t}[x]$ （$x = x + 10$）		110
t_3	c_1 （commit T_1）		110
t_4		$r_{2t}[x]$ （$x = 110$）	110
t_5		$w_{2t}[x]$ （$x = x \times 2$）	220
t_6		c_2 （commit T_2）	220

厳格な履歴は，連鎖的アボートを起こさず，連鎖的アボートを起こさない履歴は復旧可能である．しかし，この逆は成立しない．厳格な履歴では，トランザクションの独立性が保証される．しかし，トランザクションが独立でなくとも復旧可能で連鎖的アボートを起こさない履歴となりうる．厳格な履歴では，トランザクションの独立性が保証される一方で，並列度が減少する．同様に，連鎖的アボートを起こさない履歴は，復旧可能な履歴よりも並列度が減少し，スループットが低下する．

5.2.4 二相ロック

本項では，複数のトランザクションの履歴を直列可能にする代表的な方法である二相ロック（two-phase lock; 2PL）方式[29],[41]について述べる。

（1） ロック方式　複数のトランザクション間でオブジェクトを排他的に利用するための方法としてロック方式[29],[37]がある。トランザクション T_1 は，オブジェクト x を操作する前に x をロックする。もし，他のトランザクション T_2 がオブジェクト x をロックしているなら，T_1 は T_2 のロックの解放を待つ。トランザクション T_1 は，コミットもしくはアボートするとき，T_1 の開始から終了までに獲得したすべてのロックを解放する。**表 5.7** は，表 5.2 で示したトランザクションのインタリーブ実行に対して，ロック方式を適用した例である。表 5.7 のとおり，各トランザクションがロック方式を用いてオブジェクトをロックしても，得られる履歴は表 5.2 と同一となる。つまり，直列可能ではない。

表 5.7　ロック方式

時刻	トランザクション T_1	トランザクション T_2	x の値	y の値
t_0			100	100
t_1	lock x		100	100
t_2	$r_{1t}[x]$ （$x = 100$）		100	100
t_3	$w_{1t}[x]$ （$x = x - 10$）	wait for unlock x	90	100
t_4	unlock x		90	100
t_5		lock x	90	100
t_6		$r_{t2}[x]$ （$x = 90$）	90	100
t_7		lock y	90	100
t_8		$r_{t2}[y]$ （$y = 100$）	90	100
t_9		unlock x	90	100
t_{10}		unlock y	90	100
t_{11}	lock y		90	100
t_{12}	$r_{t1}[y]$ （$y = 100$）		90	100
t_{13}	$w_{t1}[y]$ （$y = y + 10$）		90	110
t_{14}	unlock y		90	110
t_{15}	c_1		90	110
t_{16}		c_2	90	110

（2）二相ロック方式　5.2.2項（3）および（4）で述べたように，任意のトランザクション T_i, T_j に対して，T_i と T_j の競合するすべての演算がすべてのオブジェクト上で同一の順序で実行されるならば，履歴 H を直列可能にすることができる．トランザクションの実行履歴 H を直列可能にするためのロック方式として，二相ロック方式[29),31),40),41)] がある．

定義 5.5　（二相ロック方式）

1. トランザクション T_i は，オブジェクト x を操作する前に x をロックする．
2. T_i は，一度ロックを解放したら，これ以降新たなロックを行わない．

表 5.8 のトランザクション T_1, T_2 では，ロックの解放が実行された後に新たなロックを実行していない．よって，T_1, T_2 は，二相ロック（2PL）方式のトランザクションである．表 5.8 で示した実行履歴 H では，T_1 と T_2 の競合するすべての演算がオブジェクト x, y 上で同一の順序で実行されている．したがって，実行履歴 H は直列可能である．

表 5.8　二相ロック方式

時刻	トランザクション T_1	トランザクション T_2	x の値	y の値
t_0			100	100
t_1	lock x		100	100
t_2	$r_{1t}[x]$　$(x = 100)$		100	100
t_3	$w_{1t}[x]$　$(x = x - 10)$		90	100
t_4		wait for unlock x	90	100
t_5	lock y		90	100
t_6	$r_{t1}[y]$　$(y = 100)$		90	100
t_7	$w_{t1}[y]$　$(y = y + 10)$		90	110
t_8	unlock x		90	110
t_9	unlock y		90	110
t_{10}		lock x	90	110
t_{11}		$r_{t2}[x]$　$(x = 90)$	90	110
t_{12}		lock y	90	110
t_{13}		$r_{t2}[y]$　$(y = 110)$	90	110
t_{14}		unlock x	90	110
t_{15}		unlock y	90	110

（3）厳格な二相ロック方式　5.2.3 項で述べたように，履歴 H が直列可能であっても，汚い読出しと連鎖的アボートが発生する可能性がある。二相ロック方式では，履歴 H を直列可能にすることができるが，厳格なものにできるとは限らない。履歴 H を厳格なものにするためのロック方式として，厳格な二相ロック方式がある。

定義 5.6　（厳格な二相ロック方式）
1. トランザクション T_i は，オブジェクト x を操作する前に x をロックする。
2. T_i は，コミットまたはアボートするときに，T_i の保有するロックをすべて解放する。

（4）ロックモード　オブジェクトに対するロックのモードについて考える。トランザクション T_i, T_j がオブジェクト x の値を読み出す場合を考える。トランザクション T_i が，オブジェクト x をロックしたとする。単一のロックモードしか存在しない場合，トランザクション T_j は，T_i が x のロックを解放するまで x を読み出せない。しかし，read 演算はどのような順序で実行されても同一の結果を得る。read 演算同士は，任意の順序で実行できるようなロック方式を考える。このために，ロックのモードを考える。演算 op に対するロックモードを mode(op) とする。

定義 5.7　（ロックモードの互換性）
オブジェクト x に対する競合しない二つの演算 op_1, op_2 のロックモード $mode(op_1)$ と $mode(op_2)$ は互換である（compatible）。

オブジェクト x が $mode(op_1)$ でロックされているとする。このとき，他の演算 op_2 のロックモード $mode(op_2)$ が $mode(op_1)$ と互換であれば，op_2 は op_1 と同時に x を操作することができる。これにより，トランザクションの並列度

を高めることが可能になる。5.2.2 項（1）で述べた read 演算と write 演算の
ロックモード間の互換関係を**表 5.9** に示す。

表 5.9　ロックモード間の互換関係

ロックモード	mode(read)	mode(write)
mode(read)	互換	非互換
mode(write)	非互換	非互換

5.2.5　デッドロック

二つ以上のトランザクションがたがいのロックの解放を待ち合っているとき，トランザクションは**デッドロック**（deadlock）[29],[37] しているという。

（1）　待ちグラフ　　二つのトランザクション T_1, T_2 がサーバ s_t 上のオブジェクト x, y を操作する場合を考える（**表 5.10**）。表 5.10 では，トランザクション T_1 は，時刻 t_1 でオブジェクト x をロックし，トランザクション T_2 が時刻 t_2 でオブジェクト y をロックしている。時刻 t_4 で，トランザクション T_1 が y を，T_2 が x をロックしようとする。ここで，トランザクション T_1 は T_2 のロックの解放を待ち，T_2 は T_1 のロックの解放を待つ状態となる。つまり，トランザクション T_1, T_2 は，デッドロック状態にある。

表 5.10　デッドロック

時刻	トランザクション T_1	トランザクション T_2
t_0		
t_1	write lock x	
t_2	$w_{1t}[x]$	write lock y
t_3		$w_{2t}[y]$
t_4	$w_{1t}[y]$（wait for unlock y）	$w_{2t}[x]$（wait for unlock x）

トランザクション間のデッドロックは，以下の**待ちグラフ**（wait-for graph）を用いることで検出できる。

定義 5.8　（待ちグラフ）

　各トランザクション $T_1, \cdots, T_m$ に対して以下の手順で得られる有向グラフ G を待ちグラフとする。

1. 各トランザクション T_i に対して，節点 T_i を設ける．
2. トランザクション T_i が，T_j によりロックされているオブジェクトの解放を待っているならば，節点 T_i から T_j に有向辺 $T_i \to T_j$ を設ける．

定義 5.9 （デッドロック）

待ちグラフ G が巡回閉路を含むとき，かつそのときに限り，システムはデッドロック[29]している．

図 5.6 は，表 5.10 に対する待ちグラフである．図 5.6 では，グラフ中に巡回閉路が存在する．よって，トランザクション T_1, T_2 は，デッドロックしている．

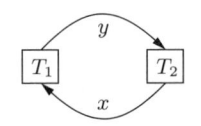

図 5.6 待ちグラフ

複数サーバ間でのデッドロック 表 5.10 および図 5.6 では，単一のサーバ s_t がオブジェクト x, y を持つ場合について述べた．つぎに，サーバ s_t がオブジェクト x を持ち，サーバ s_u がオブジェクト y を持つ場合について考える．表 5.11 では，トランザクション T_1 は，時刻 t_1 でサーバ s_t 上のオブジェクト x をロックし，トランザクション T_2 が時刻 t_2 でサーバ s_u 上のオブジェクト y をロックしている．時刻 t_4 で，トランザクション T_1 がオブジェクト y を，トランザクション T_2 がオブジェクト x をロックしようとする．

表 5.11 デッドロック

時刻	トランザクション T_1	トランザクション T_2
t_0		
t_1	write lock x	
t_2	$w_{1t}[x]$	write lock y
t_3		$w_{2u}[y]$
t_4	$w_{1u}[y]$ (wait for unlock y)	$w_{2t}[x]$ (wait for unlock x)

サーバ s_t, s_u 内のおのおのの待ちグラフ G_t, G_u を，図 5.7 に示す．サーバ s_t 内の待ちグラフ G_t では，巡回閉路は存在しない．同様に，サーバ s_u 内の待ちグラフ G_u でも，巡回閉路は存在しない．すなわち，各サーバ内でデッドロックは発生していない．しかし，システム全体としては，図 5.6 と同様の待ちグラフ G となり，デッドロックが発生している．このように，複数サーバ間でのデッドロックを検出するためには，各サーバ上の待ちグラフを結合して，システム全体の待ちグラフ G を求める必要がある．

図 5.7 サーバ s_t, s_u 内の待ちグラフ G_t, G_u

（2）検出方法 デッドロックを検出するためには，現在の状態に対するトランザクション間の待ちグラフ G を作成し，巡回閉路の有無を検査する．巡回閉路が見つかれば，この巡回閉路内のあるトランザクション T_i を選択し，アボートさせる．トランザクション T_i のアボートにより，T_i がロックしていたオブジェクトのロックが解放される．これにより，デッドロックが解消できる．デッドロックの検出に関しては，以下の問題点がある．

1. 検出の間隔：どの程度の周期でデッドロックの検出を行うかが問題となる．周期を長くすると，デッドロックが長時間生じる．一方，周期を短くすると，デッドロック検出のための負荷が増大する．
2. アボートするトランザクションの選択：デッドロック検出後，どのトランザクションをアボートさせるかが問題となる．

（3）タイムアウト トランザクション T_i がオブジェクト x をロックできる時間に制限を与える．ここで，T_i が x をロックした時間が，与えられた制限時間を超えることを，ロックのタイムアウトと呼ぶ．T_i の x に対するロックがタイムアウトし，かつ他のトランザクション T_j が T_i の x に対するロックの解放を待っている場合，トランザクション T_i のオブジェクト x に対するロックは強制的に解放され，トランザクション T_i はアボートする．これにより，シス

テムでデッドロックが生じている場合，そのデッドロックが解消される。一方で，デッドロックが発生していなくとも，ロックのタイムアウトにより，トランザクションがアボートしてしまうことがある。システムの負荷が高い状況では，タイムアウトにより，再実行されるトランザクション数が増加する。また，適切なタイムアウト時間の設定が困難であり，デッドロック検出と同時に利用した場合，**偽デッドロック**（phantom deadlock）[40]が発生する可能性がある。偽デッドロックとは，デッドロックが生じていなくとも，デッドロック検出手順がデッドロックが生じていると見なしてしまう状態をいう。例えば，待ちグラフ G 内に $T_1 \to T_2 \to T_3 \to T_4 \to T_1$ なる巡回閉路が存在したとする。ここで，トランザクション T_4 がタイムアウトした場合，デッドロックは解消される。しかし，デッドロック検出手順がデッドロックを検出したために，トランザクション T_3 がアボートされたとする。このような状態が偽デッドロックである。

（ 4 ） **デッドロックの防止方法**　デッドロックが生じないように，トランザクションにオブジェクトをロックさせる方法として以下がある。

（ a ）　**一括ロック方法**　トランザクションの開始時にすべての操作対象オブジェクトを一括してロックする。一つでもロックできないオブジェクトが存在する場合，すべてのオブジェクトに対するロックを再試行する。ロック対象のオブジェクト数が多くなると，ロックを取得するための負荷が増大する。また，オブジェクトに対する不要なアクセス制限が増大することで，同時実行性が低下する可能性がある。

（ b ）　**オブジェクト順序付け方法**　オブジェクトをロックする順序をあらかじめ決めておき，各トランザクションは，この順序でオブジェクトをロックする。この方法では，順位の高いオブジェクトにロックの要求が集中することで，トランザクションの同時実行性が低下する可能性がある。

（ c ）　**トランザクション順序付け方法**　各トランザクション T に対して，T の起動時刻を時刻印（time stamp）$\text{ts}(T)$ として与える。この時刻印を用いてトランザクションを全順序付けする。トランザクション T_1 がオブジェクト

x のロックを保持している状況で，トランザクション T_2 が x をロックしようとする場合を考える。このとき，時刻印を用いてトランザクションを全順序付けする方法[40),42)] として，以下がある。

1. 横取り方法
   (a) $\mathrm{ts}(T_2) < \mathrm{ts}(T_1)$ ならば，T_1 をアボートさせ，再実行する。
   (b) $\mathrm{ts}(T_2) > \mathrm{ts}(T_1)$ ならば，T_2 を待たせる。
2. 非横取り方法
   (a) $\mathrm{ts}(T_2) < \mathrm{ts}(T_1)$ ならば，T_2 をアボートさせ，T_2 に新しい時刻印を与えて再実行する。
   (b) $\mathrm{ts}(T_2) > \mathrm{ts}(T_1)$ ならば，T_1 を待たせる。

1 は古いトランザクションを優先する方式である。逆に，2 は新しいトランザクションを優先する方式である。

5.2.6 時刻印順序方式

本項では，トランザクションに与えられた時刻印をもとに複数のトランザクションの履歴を直列可能にする**時刻印順序方式**[42),43)] について述べる。各トランザクション T_i は，開始時に一意な時刻印 $\mathrm{ts}(T_i)$ が与えられる。任意の二つのトランザクション T_i, T_j に対して，$\mathrm{ts}(T_i) \neq \mathrm{ts}(T_j)$ である。$\mathrm{op}_{it}[x]$ をトランザクション T_i のサーバ s_t 内のオブジェクト x に対する操作演算とする。op は，read (r) または write (w) 演算である。RTS(x) と WTS(x) を，オブジェクト x に対して read 演算および write 演算を実行したトランザクションの時刻印の最大値とする。

$\mathrm{ts}(T_i) < \mathrm{ts}(T_j)$ となるトランザクション T_i, T_j を考える。時刻印順序方式では，トランザクション T_i によるサーバ s_t 内のオブジェクト x に対する read ($r_{it}[x]$) および write ($w_{it}[x]$) 演算は，**表 5.12** の演算競合規則を満足するように処理される。表 5.12 の規則 1 および 2 から，$\mathrm{ts}(T_i) \geq \mathrm{RTS}(x)$ かつ $\mathrm{ts}(T_i) > \mathrm{WTS}(x)$ でなければ，$w_{it}[x]$ は実行できない。また，規則 3 から，$\mathrm{ts}(T_i) > \mathrm{WTS}(x)$ でなければ，$r_{it}[x]$ は実行できない。

表 5.12　演算競合規則

規則	T_i	T_j	規則
1	write	read	T_j が read したオブジェクト x に T_i が write してはならない
2	write	write	T_j が write したオブジェクト x に T_i が write してはならない
3	read	write	T_j が write したオブジェクト x を T_i が read してはならない

表 5.12 の演算競合規則をもとに，オブジェクト x に対する時刻印 $\mathrm{ts}(T_i)$ を持つトランザクション T_i の read および write 演算の処理手順を以下に示す．

write $(w_{it}[x])$ の処理

1. $\mathrm{ts}(T_i) \geq \mathrm{RTS}(x)$ かつ $\mathrm{ts}(T_i) > \mathrm{WTS}(x)$ ならば，$w_{it}[x]$ を実行し，$\mathrm{WTS}(x) = \mathrm{ts}(T_i)$ とする．
2. さもなければ，T_i はアボートされ，より大きい時刻印が与えられて再実行される．

read $(r_{it}[x])$ の処理

1. $\mathrm{ts}(T_i) > \mathrm{WTS}(x)$ ならば，$r_{it}[x]$ を実行し，$\mathrm{RTS}(x) = \mathrm{ts}(T_i)$ とする．
2. さもなければ，T_i はアボートされ，新たに $\mathrm{ts}(T_i)$ より大きい時刻印が与えられて再実行される．

時刻印順序方式では，任意のトランザクション T_i, T_j の競合するすべての演算が，すべてのオブジェクト上で，トランザクションに与えられた時刻印の順に実行される．すなわち，任意のトランザクション T_i, T_j の競合するすべての演算が，すべてのオブジェクト上で同一の順序で実行される．よって，時刻印順序方式により実行されたトランザクションの履歴 H は，直列可能となる．また，時刻印順序方式では，デッドロックが生じない特徴がある．ただし，前述の表 5.12 の演算競合規則をもとにした時刻印順序方式では，あるトランザクション T_i が終了する前に，他のトランザクション T_j の演算が実行される可能性がある．すなわち，履歴 H が厳格な履歴とならない．トランザクション T_i がコミットまたはアボートするまで，$\mathrm{ts}(T_i) < \mathrm{ts}(T_j)$ なるトランザクション T_j の演算 $\mathrm{op}_j[x]$ を実行しないことで，履歴 H を厳格にすることができる．このように制御される同時実行制御方式を**厳格な時刻印順序方式**と呼ぶ．

5.2.7 楽観的同時実行制御

5.2.4 項や 5.2.6 項で述べたような従来の同時実行制御方式は,「トランザクション間で競合が発生すること」を前提にした制御方式である.このため,悲観的 (pessimistic) 同時実行制御方式と呼ばれる.一方で,情報検索システムのように大半のトランザクションが read 演算のみを実行する場合や,複数のトランザクションを同時に実行する頻度が低い場合は,トランザクション間の競合頻度が低くなる.楽観的同時実行制御[44),45)] は,「トランザクション間で競合が発生することがほとんどない」ことを前提にした同時実行制御方式である.楽観的同時実行制御方式では,トランザクションの終了時に競合の有無を確認し,競合上の問題が発生している場合のみトランザクションをアボートする.これにより,トランザクション間の競合頻度が低いシステムのスループットが向上する.

(1) トランザクションのライフサイクル トランザクションは,以下三つのフェーズから構成される.

- 実行フェーズ (execution phase; EP):トランザクションを実行する.各トランザクション T_i は,固有の作業領域 WS_i を持つ.read 演算実行時,操作対象のオブジェクトが作業領域 WS_i に存在しない場合は,サーバからコピーして読み出す.作業領域 WS_i 内に操作対象オブジェクトが存在する場合は,その値を読み出す.write 演算の結果は,作業領域 WS_i に書かれる.

- 確認フェーズ (validation phase; VP):他のトランザクションとの競合を検査する.

- 更新フェーズ (update phase; UP):確認フェーズの結果,競合が検知されなかった場合,トランザクション T_i をコミットする.すなわち,作業領域 WS_i 内に書かれたオブジェクトの値をサーバ内のオブジェクトに反映させる.競合が検知された場合は,トランザクション T_i をアボートする.

(2) トランザクションの競合確認方法 各トランザクション T_i には,実行フェーズおよび確認フェーズの開始時に,それぞれ時刻印 $sEP(T_i)$ と $sVP(T_i)$ が与えられる.ここで,$sEP(T_i) < sVP(T_j) < sVP(T_i)$ となる時刻印 $sVP(T_j)$

を持つすべてのトランザクション T_j に対して，表 5.13 の規則を満たすならば，トランザクション T_i はコミットできる．

表 5.13 楽観的同時実行制御での演算競合規則

規則	T_i	T_j	規 則
1	write	read	T_i が write したオブジェクトを T_j が read していない
2	read	write	T_j が write したオブジェクトを T_i が read していない
3	write	write	T_j が write したオブジェクトを T_i が write しておらず，かつ T_i が write したオブジェクトを T_j が write していない

$\text{sEP}(T_i) < \text{sVP}(T_j) < \text{sVP}(T_i)$ となる時刻印 $\text{sVP}(T_j)$ を持つすべてのトランザクション T_j について，T_j の read 演算は，トランザクション T_i の確認フェーズ開始前（$\text{sVP}(T_i)$ よりも前）に実行される．つまり，トランザクション T_i が更新フェーズで write するオブジェクトをトランザクション T_j が read することはない．よって，表 5.13 の規則 1 はつねに満たされる．ここで，$\text{Rset}(T_i)$ および $\text{Wset}(T_i)$ を，トランザクション T_i が read および write したオブジェクトの集合とする．このとき，$\text{Rset}(T_i) \cap \text{Wset}(T_j) = \phi$ であれば，トランザクション T_j が write したオブジェクトをトランザクション T_i が read することはない．よって，表 5.13 の規則 2 が満たされる．さもなければ，トランザクション T_j が write したオブジェクトをトランザクション T_i が read している可能性がある．また，$\text{Wset}(T_i) \cap \text{Wset}(T_j) = \phi$ であれば，トランザクション T_j が write したオブジェクトをトランザクション T_i が write していないこと，およびトランザクション T_i が write したオブジェクトをトランザクション T_j が write していないことが保証できる．すなわち，表 5.13 の規則 3 が満たされる．

定義 5.10 （トランザクションの競合判定）

$\text{sEP}(T_i) < \text{sVP}(T_j) < \text{sVP}(T_i)$ となるすべてのトランザクション T_j に対して，$\text{Rset}(T_i) \cap \text{Wset}(T_j) = \phi$，かつ $\text{Wset}(T_i) \cap \text{Wset}(T_j) = \phi$ であるならば，T_i は T_j と競合しない．さもなければ，T_i は T_j と競合する．

5.3 コミットメント制御

複数のサーバ上のオブジェクトを操作するトランザクションの原子性を保証するための制御が**コミットメント制御**（commitment control）[46],[47]である．

5.3.1 障害

トランザクションを実行しているクライアントおよびオブジェクトを管理しているサーバは，分散システム内のプロセスとして実現される．クライアントおよびサーバで障害が発生しない場合，クライアントから各サーバに対して，操作演算を送信してコミットすればよい．コミットメント制御では，クライアントとサーバで障害が発生したとしても，トランザクションの原子性を満たす制御を行うことが必要となる．分散システムでの障害には，プロセス障害とネットワーク障害がある．プロセス障害には，停止障害，間欠的障害，ビザンティン障害[48]がある．コミットメント制御では，障害に関して以下を仮定する．

定義 5.11 （コミットメント制御で想定する障害）

　コミットメント制御では，プロセスの停止障害のみが発生するものとする．

5.3.2 二相コミットメントプロトコル

トランザクション T が n 台のサーバ $s_1, \cdots, s_n$ 上のオブジェクトを操作する場合を考える．トランザクション T の原子性を保証するためには，トランザクション T の終了時に，T を実行しているクライアント C とサーバ $s_1, \cdots, s_n$ の間で，トランザクション T をコミットするかアボートするかの合意が必要となる．このための制御がコミットメント制御である．コミットメント制御の代表的なプロトコルとして，**二相コミットメントプロトコル**（two-phase commitment; 2PC）[46],[47]がある．二相コミットメントプロトコルは，投票フェーズと決

フェーズの2段階の処理によって構成されている．投票フェーズでは，トランザクション T のコミットについての承認（Yes）または拒否（No）を，クライアント C がすべてのサーバ $s_1, \cdots, s_n$ に問い合わせる．決定フェーズでは，サーバから受信した回答（Yes/No）をもとに，クライアント C がすべてのサーバ $s_1, \cdots, s_n$ に，T に対するコミットまたはアボートの決定を送信する．このように，二相コミットメントプロトコルでは，投票フェーズと決定フェーズの2段階の処理を経て，トランザクションの原子性を保証する制御を行う．二相コミットメントプロトコルの基本手順を以下に示す．

二相コミットメントプロトコル　　トランザクション T の終了時に，T を実行しているクライアント C と n 台のサーバ $s_1, \cdots, s_n$ で二相コミットメント制御を実施する場合を考える（図 **5.8**，図 **5.9**）．

1. クライアント C は，トランザクション T の終了時にすべてのサーバ s_1, $\cdots, s_n$ に prepare メッセージを送信する．
2. prepare メッセージを受信したサーバ s_t は，トランザクション T をコミットできるのであれば，"Yes" をクライアント C に送信する．このとき，

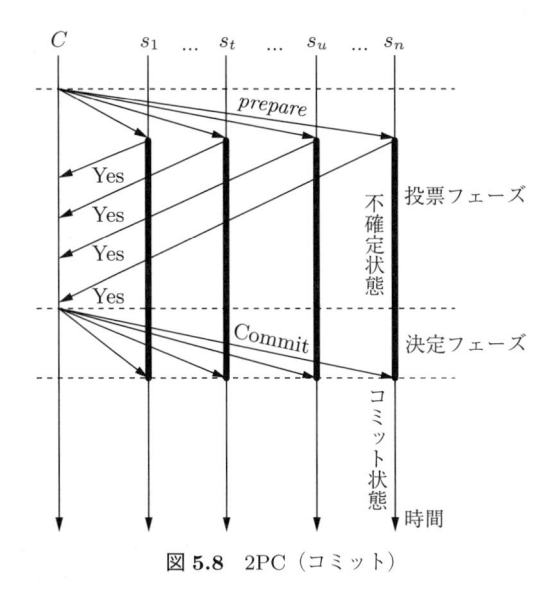

図 **5.8**　2PC（コミット）

図 5.9　2PC（アボート）

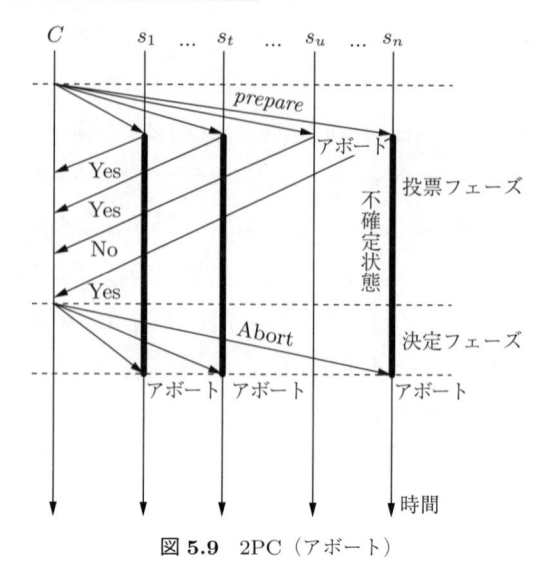

サーバ s_t 上でのトランザクション T による更新データを履歴 H_t に格納する。コミットできないならば，"No" をクライアント C に送信してアボートする。

3. クライアント C は，全サーバから "Yes" を受信したら，"Commit" をすべてのサーバに送信後，トランザクション T をコミットする。あるサーバ s_u から "No" を受信した場合，"Yes" を受信したすべてのサーバに "Abort" を送信する。

4. クライアント C から "Commit" を受信したサーバ s_t は，トランザクション T をコミットする。このとき，履歴 H_t 内のトランザクション T の更新データをサーバ s_t 内のオブジェクトに反映させる。クライアント C から "Abort" を受信した場合，トランザクション T をアボートする。このとき，履歴 H_t 内のトランザクション T の更新データを消去する。

図 5.8 は，全サーバがトランザクション T をコミットする場合を示す。各サーバ s_t が prepare メッセージを受信後，"Yes" を送信してから "Commit" または "Abort" を受信するまでの状態を**不確定**（uncertain）状態という。サーバ

s_t が不確定状態であるとき，s_t はすでにコミットの意思表示を行っている．このため，不確定状態にあるサーバ s_t はトランザクション T のアボートを行えない．

図5.9は，トランザクション T がアボートする場合を示す．投票フェーズにおいて，サーバ s_u が "No" を送信してアボートしている．クライアント C は，"Yes" を送信したサーバに "Abort" を送信して，トランザクション T をアボートする．クライアント C からの "Abort" を受信したサーバは，トランザクション T をアボートする．

あるプロセスがコミットメント制御の処理を続行するために，他の障害プロセスの復旧を待っている状態を**ブロック**（block）状態という．サーバ s_t で障害が発生するタイミングとその対処方法を以下に示す．

1. *prepare* 受信前

    サーバ s_t からの応答がないため，クライアント C はトランザクション T をアボートする．クライアント C は，"Yes" を回答したサーバに "Abort" を送信する．障害から復旧したサーバ s_t は，トランザクション T をアボートする．

2. "Yes" の送信後，クライアント C からの決定受信前

    トランザクション T に対するサーバ s_t の更新データは，履歴 H_t に記録されている．クライアント C または他のサーバ s_u にトランザクション T についての問合せを行う．コミットしていれば，履歴 H_t 内の更新データをオブジェクトに反映してコミットする．アボートしていれば，履歴 H_t 内の更新データを消去する．

5.3.3　終結プロトコル

コミットメント制御を実行しているクライアントで障害が発生した場合に，サーバ間の通信によりコミットまたはアボートの決定を行うためのプロトコルを，**終結プロトコル**（termination protocol）[45] という．

クライアント C が *prepare* メッセージを送信後，障害する場合を考える．

図 5.10 では，クライアント C が，どのサーバにも最終決定（Commit または Abort）を送信していない状態で障害している．このとき，各サーバはブロックしてクライアントの復旧を待つ必要がある．すべてのサーバが "Yes" を送信して不確定状態にあるとする．クライアント C は，たとえすべてのサーバから "Yes" を受信してもアボートすることができる．よって，クライアント C がどのサーバにも最終決定（Commit または Abort）を送信していない状態で障害した場合，サーバ間で通信を行っても，コミットすべきかアボートすべきかの判断はできない．一方で，図 5.11 のように，クライアントが一部のサーバに最終決定を送信した状態で障害した場合，不確定状態のサーバは他のサーバに問い合わせることでコミットまたはアボートの決定を行える．

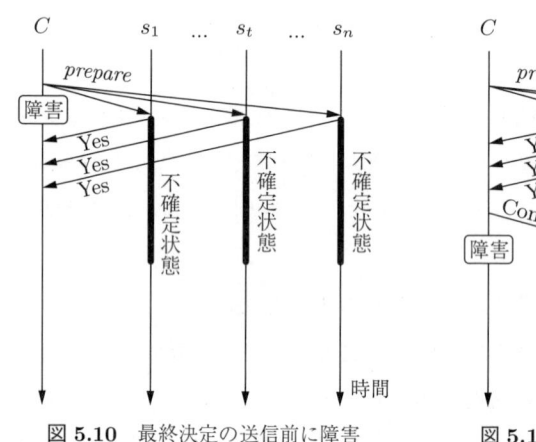

図 5.10　最終決定の送信前に障害

図 5.11　"Commit" を送信中に障害

協調的終結プロトコル　不確定状態にあるサーバ s_t は，タイムアウトしたときに以下の処理を行う（図 5.11）．

1. サーバ s_t は，すべてのサーバに State-Request（SR）メッセージを送信する．
2. SR メッセージを受信したサーバは，自身の状態（コミット，アボート，不確定状態）を s_t に返信する．
3. サーバ s_t は，以下の終結規則に基づいて決定を行う．

(a) すべての動作中サーバが不確定状態ならば，サーバ s_t は不確定状態で待つ。

(b) あるサーバ s_u がコミット状態ならば，サーバ s_t はコミットする。

(c) あるサーバ s_u がアボート状態ならば，サーバ s_t はアボートする。

図 5.11 では，サーバ s_1 がコミットしている。このため，サーバ s_t, s_n は，SR メッセージをサーバ s_1 に送信した結果，最終的にコミットする。

5.3.4 復旧

サーバ s_t が停止障害から復旧したとき，履歴 H_t に記録されている状態に復旧する。このとき，サーバ s_t が不確定状態である場合，サーバ s_t は独立復旧を行えない。停止障害から復旧したサーバ s_t は，以下の処理を行う。

1. サーバ s_t が不確定状態であれば，終結プロトコルを実施する。
2. サーバ s_t が投票フェーズの応答を送信する前であれば，アボートする。

6 セキュリティ

情報システムのセキュリティでは，情報の**機密性**（confidentiality），**完全性**（integrity），**可用性**（availability）を維持する必要がある。機密性とは，利用を許可された利用者にのみ情報資源が開示される状態にシステムを保つことである。完全性とは，情報資源の整合がとれた状態にシステムを保つことである。すなわち，情報資源が破壊，改竄されていない状態にシステムを保つことである。可用性とは，正当な権限を持った利用者が必要なときに必要な情報資源にアクセスできる状態にシステムを保つことである。本章では，安全な分散システムおよび分散型のアプリケーションを実現するための技術について述べる。

6.1 安全なシステム

6.1.1 主体とオブジェクト

分散システムでは，ファイル，データベース，プロセス，メモリなどの情報資源が，ネットワーク上に分散したサーバで管理されている。利用者が，情報資源を操作するためのプロセスをクライアントと呼ぶ。ここで，クライアント，および情報資源を管理しているサーバは，分散システム内のプロセスである。クライアントは，サーバに対して，情報資源に対する操作演算の実行要求を送信する。実行要求を受信したサーバは，要求された操作演算を実行し，結果をクライアントに返す。

分散システムは，利用者，プロセス，データベースといった種々の要素から

構成されるが，この要素を実体（entity）と呼ぶ．実体には，利用する実体である主体（subject）と利用される実体であるオブジェクト（object）の2種類がある（図 6.1 参照）．オブジェクトは，要求された操作演算を実行する実体である．一方，主体とは，オブジェクトに対して操作演算の実行を指示する実体である．主体とオブジェクトの関係は相対的である．例えば，利用者とプログラムの関係では，利用者が主体となり，プログラムがオブジェクトとなるが，クライアントとサーバの間では，クライアントが主体でサーバがオブジェクトとなる．

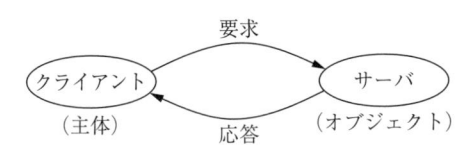

図 6.1 主体とオブジェクト

6.1.2 オブジェクトの安全性

利用を許可された利用者が，許可された方法でのみオブジェクトを利用しているとき，オブジェクトは安全（secure）であるという．オブジェクトを安全な状態に保つためには，どの利用者がシステム内のどのオブジェクトをどのように利用できるかが重要となる．システム内でだれが，どのオブジェクトのどの操作演算を実行できるかを示した規則を，**アクセス規則**（access rule）という．アクセス権を与えることを**権限付与**（authorization）という．あるクライアントからのアクセス要求をサーバが受信した場合を考える（図 6.2 参照）．初

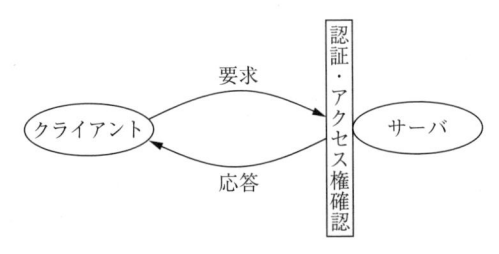

図 6.2 オブジェクトの安全性

めに,サーバは,アクセス要求を発行したクライアント,またはクライアントを実行した利用者の身元を検証する必要がある.このように主体の身元を検証することを**認証**(authentication)と呼ぶ.つぎに,認証されたクライアントまたは利用者に対して,アクセス要求された操作演算をオブジェクト上で実行するためのアクセス権が付与されているかどうかを確認する.もし,クライアントまたは利用者が認証され,アクセス権が付与されていれば,サーバは要求された演算を実行する.さらに,クライアントも応答を返送してきたサーバを認証する必要がある.以上の手続きでオブジェクトが操作されることにより,オブジェクトを安全な状態に保つことができる.

6.1.3 安全な通信路

分散型のアプリケーションは,ネットワーク上に分散した複数のプロセスがたがいにメッセージを交換し,協調動作を行うことで実現される.分散型のアプリケーションは,インターネットのような不特定多数の利用者が共有するネットワーク上に構築される可能性がある.このようなネットワーク上でプロセス間通信を実行した場合,通信路上で盗聴,改竄,なりすましなどの攻撃を受ける可能性がある(図 6.3 参照).このとき,プロセスおよび通信路に対して,以下のような脅威(threat)がある.

1. **プロセスに対する脅威**:メッセージの送信元を認証しないことにより,プロセスが正しく機能できなくなる.

    (a) サーバ:送信元の認証ができない場合,要求された演算を実行してよいかどうかが判断できない.

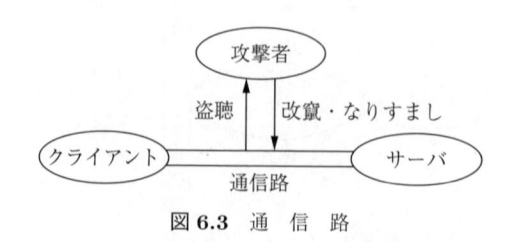

図 6.3 通 信 路

(b) クライアント：送信元の認証ができない場合，クライアントは，サーバのなりすましなどにより，実際の実行結果とは異なる結果を受信する可能性がある。
2. **通信路に対する脅威**：攻撃者は，ネットワークで送受信されたメッセージの複製および変更ができる。このような攻撃により，システムの機密性，完全性が維持できなくなる。

プロセスおよび通信路に対する脅威は，以下のような**安全な通信路**（secure channel）を実現することで解決できる。

定義 6.1 （安全な通信路）
　安全な通信路とは，通信を行う二つのプロセスがたがいを認証でき，かつメッセージの機密性と完全性が保証される通信路である。

6.1.4 分散システムの安全性

分散システムの安全性について考える。

定義 6.2 （安全な分散システム）
　安全な通信路が確立され，かつオブジェクトの安全性が確保されているとき，分散システムは安全であるという。

分散システムの安全性を保つための技術および制御として，暗号技術，認証技術，アクセス制御，情報流制御がある。次節以降で，各技術および制御について述べる。

6.2 暗　　号

6.2.1 暗号化と復号

利用者が理解できる文字列を**平文**（plain text）と呼ぶ．ある規則に従って，平文を別の記号列に変換する処理を**暗号化**（encryption）という．変換された記号列を暗号文といい，暗号文を元の平文に戻すことを**復号**（decryption）という．復号を行うための規則を知らなければ，暗号文を元の平文に変換することはできない．暗号化により，通信メッセージやコンピュータ内のデータ内容を秘匿することができる．すなわち，メッセージの機密性を保証することができる．暗号アルゴリズム（E）に平文 m と暗号化鍵（K_e）を入力することで，暗号文 m' を得る（$E(K_e, m) = m'$）．一方，復号アルゴリズム（D）に暗号文 m' と復号鍵（K_d）を入力することで，元の平文 m を得ることができる（$D(K_d, m') = m$）．暗号方式は，秘密鍵暗号方式と公開鍵暗号方式の二つに大別される．

6.2.2 秘密鍵暗号

秘密鍵暗号では，あるメッセージ m の暗号化と復号に同一の鍵 K（$= K_e = K_d$）が使用される．すなわち，$D(K, E(K, m)) = m$ となる．暗号化と復号のアルゴリズムは公開されているため，鍵 K は，メッセージ m の送受信者の間で秘密に管理される必要がある．秘密鍵暗号は，**ブロック暗号**[49]~[52]と**ストリーム暗号**[53]に分類できる．

（1）ブロック暗号　ブロック暗号は，あるメッセージ m を固定長のブロック m_i に分割し（$i \geq 1$），分割したブロックごとに暗号化を行う．単純なブロック暗号では，各ブロックが独立して暗号化される．平文に反復内容があった場合，同一の暗号ブロックが生成される可能性がある．同一の暗号ブロックを検出することにより，攻撃者が平文の内容を推測できる可能性がある．この問題に対応する方法として，**暗号ブロック連鎖モード**（cipher block chaining mode; CBC mode）がある（図 **6.4** 参照）．CBC モードは，同一の平文から

6.2 暗号

平文 ··· m_{i+2} m_{i+1} m_i

XOR → $E(K,m)$ $E(K,m_{i-1})$ → 送信

暗号ブロック

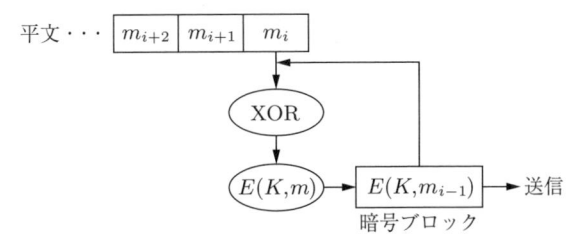

図 **6.4** ブロック暗号（CBC モード）

同一の暗号ブロックが生成される確率を減らすことができる．CBC モードでは，平文ブロック m_i と先行する平文の暗号ブロック $E(K, m_{i-1})$ の排他的論理和（exclusive or; XOR）を計算し，この結果を暗号化したものを m_i の暗号ブロックとする．メッセージ m の先頭ブロックを暗号化する場合，任意の平文ブロックをメッセージ m の先頭に挿入した後，暗号化を行う．この平文ブロックを初期ベクトル（initialization vector）と呼ぶ．復号は，暗号ブロックを復号した後，先行する暗号ブロックとの排他的論理和を算出することでなされる．排他的論理和はビットの反転操作となるため，同一の値を使用した 2 回の演算を行うことで，元の値が得られる．CBC モードは，この特徴を使用してメッセージの機密性を向上させている．ブロック暗号の代表例として DES（data encryption standard）[49]，3DES（triple DES）[50]，IDEA（international data encryption algorithm）[51]，AES（advanced encryption standard）[52] などがある．

（**2**）**ストリーム暗号**　ストリーム暗号は，あるメッセージをブロック単位ではなく，1 バイトや 1 ビット単位で逐次的に暗号化する．ストリーム暗号では，秘密鍵をもとに疑似乱数生成器を利用して，任意の長さの疑似乱数系列を生成する（**図 6.5** 参照）．この乱数系列をキーストリームと呼ぶ．ストリーム暗号では，生成されたキーストリームと平文の排他的論理和を暗号文とする．復号は，暗号化のときと同じ秘密鍵から同一のキーストリームを生成し，このキーストリームと暗号文の排他的論理和を計算することでなされる．ストリーム暗号の代表例として，RC4（Rivest cipher 4）[53] がある．

図 6.5 ストリーム暗号

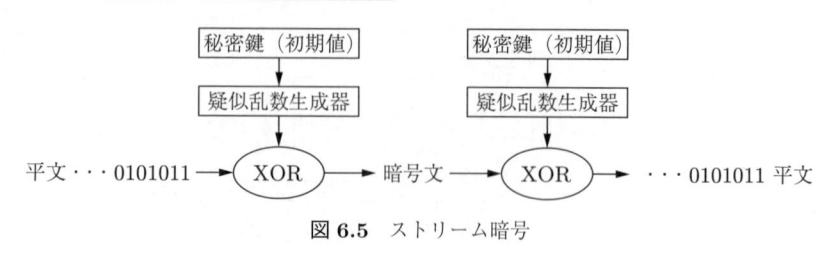

6.2.3 公開鍵暗号

公開鍵暗号では，あるメッセージ m の暗号化と復号を行うために，暗号化鍵 K_e と復号鍵 K_d の二つの鍵を用いる．すなわち，$D(K_d, E(K_e, m)) = m$ となる．各利用者は，暗号化鍵 K_e と復号鍵 K_d の二つの鍵を生成する．利用者は，復号鍵 K_d を他の利用者に知られないように管理し，暗号化鍵 K_e は，他の利用者に公開する．このため，暗号化鍵 K_e を**公開鍵**（public key），復号鍵 K_d を**秘密鍵**（secret key）と呼ぶ．ここで，$D(K_d, E(K_e, m)) = D(K_e, E(K_d, m)) = m$ となる．すなわち，ある公開鍵または秘密鍵で暗号化したメッセージは，対になる秘密鍵または公開鍵でのみ復号できる．公開鍵暗号方式の代表例としてRSA[54]がある．

6.3　認　　　証

6.2 節で述べた暗号技術を用いて，メッセージの機密性を確保することができる．一方で，安全な分散システムを構築するためには，主体の身元を検証する必要がある．この検証を認証という．

6.3.1　ディジタル署名

分散システムにおいて，利用者 A から利用者 B にメッセージを送信するとき，このメッセージを届けることができるのが A だけであるならば，通信は認証されているという．暗号技術を用いて認証性およびメッセージの改竄がされていないことを保証する技術として，**ディジタル署名**[55]~[57] がある．

利用者 A から利用者 B にメッセージ m を送信する場合を考えて，公開鍵暗号を用いたディジタル署名の手続きを以下に示す（図 **6.6** 参照）。

1. 利用者 A は，秘密鍵 $K_{\text{priv}}^{\text{A}}$ と公開鍵 $K_{\text{pub}}^{\text{A}}$ を生成し，$K_{\text{pub}}^{\text{A}}$ を公開する。
2. 利用者 A は，ハッシュ関数 h を使用してメッセージ m に対するハッシュ値 $h(m)$ を算出する。算出されたハッシュ値 $h(m)$ を**ダイジェスト**（digest）と呼ぶ。代表的なハッシュ関数として MD5（message digest algorithm 5）[56] や SHA-1（secure hash algorithm 1）[57] がある。ダイジェスト $h(m)$ を秘密鍵 $K_{\text{priv}}^{\text{A}}$ を使用して暗号化する。暗号化されたダイジェストを署名 S（$=E(K_{\text{priv}}^{\text{A}}, h(m))$）と呼ぶ。
3. 利用者 A は，メッセージ m と署名 S を利用者 B に送信する。
4. 利用者 B は，受信した署名 S を A の公開鍵 $K_{\text{pub}}^{\text{A}}$ を用いて復号する。つぎに，受信したメッセージ m のダイジェスト $h(m)$ を生成する。署名を復号して得られたダイジェストと，自身が生成したダイジェストが同一であれば，メッセージが改竄されていないことがわかる。また，公開鍵 $K_{\text{pub}}^{\text{A}}$ と対になる秘密鍵 $K_{\text{priv}}^{\text{A}}$ は，利用者 A のみが保持していることから，送信者が正しいこともわかる。よって，A から B への通信には認証性があり，かつメッセージが改竄されていないことが確認できる。

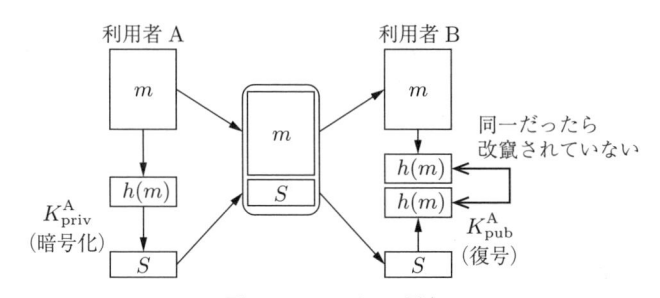

図 **6.6** ディジタル署名

6.3.2 ディジタル証明書

6.3.1 項では，ディジタル署名によって，通信の認証性とメッセージの改竄を検出する方法について述べた。しかし，6.3.1 項で述べたディジタル署名は，公

開鍵がつねに正しいことを前提としている.つまり,利用者 A の公開鍵 K_{pub}^A が A によって作成されていることを前提としている.しかし,公開鍵 K_{pub}^A が A によって作成されたとは限らない.例えば,公開鍵 K_{pub}^A が A 以外の攻撃者によって作成された偽物である可能性がある.よって,通信の認証性を確保するためには,公開鍵が所有者本人によって作成されたものであることを検証する必要がある.

公開鍵の**真正性**(authenticity)を検証する方法として,**ディジタル証明書**(digital certificate)を用いた方法がある.ディジタル証明書とは,公開鍵が真正であることを証明するデータであり,信頼できる第三者機関によって発行される.この第三者機関を**認証局**(certification authority; CA)と呼ぶ.認証局によって発行されたディジタル証明書とディジタル署名を用いることで,データの改竄検出と同時に,公開鍵の真正性を含めた通信の認証性の検証ができる.ディジタル証明書の仕様は ITU-T X.509[58] で規定されており,認証局のディジタル署名とサーバの公開鍵が含まれる.ディジタル証明書とディジタル署名を用いて,認証性,機密性,完全性の機能を提供する通信プロトコルとして,**TLS**(transport layer security)[59] がある.TLS は,インターネット上での電子商取引などで幅広く使用されている.以下に TLS プロトコルの概要を示す(**図 6.7** 参照).

サーバ S とクライアント C の間の通信を考える.

1. クライアント C からサーバ S に対して,アクセス要求を送信する.
2. サーバ S は,クライアントにリプライを返すのと同時に暗号アルゴリズムを通知する.つぎに,サーバ S は,認証局(CA)から発行されたディジタル証明書をクライアントに送信する.
3. クライアント C は,CA の公開鍵を使用して,ディジタル証明書内の CA のディジタル署名を確認する.ディジタル署名の検証結果に問題がなければ,証明書内のサーバ S の公開鍵 K_{pub}^S は認証されたこととなる.
4. クライアント C は,共通鍵 K_{SC} を生成する.

6.4 アクセス制御

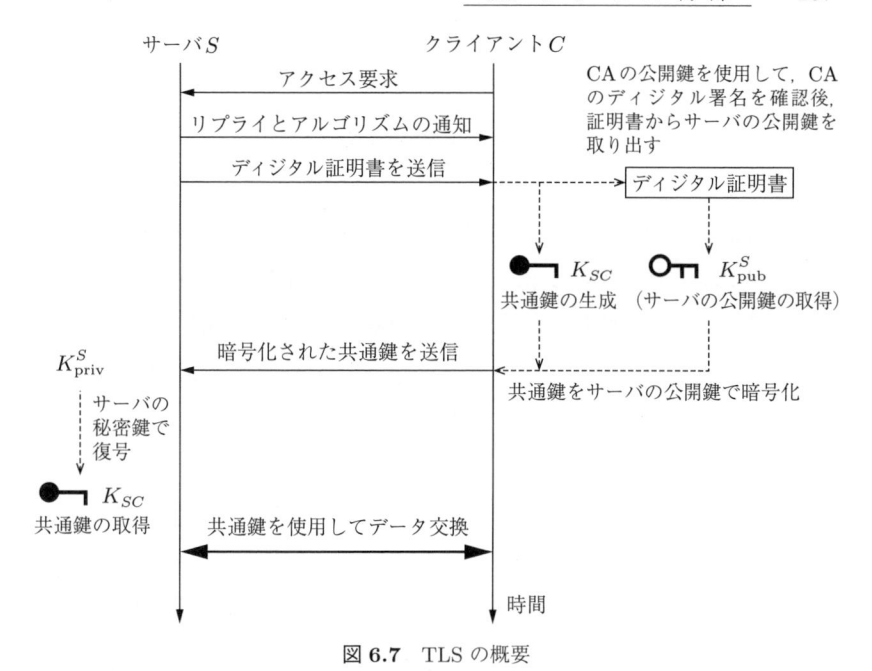

図 6.7 TLS の概要

5. クライアント C は，生成した共通鍵 K_{SC} をサーバ S の公開鍵 K_{pub}^S で暗号化し，サーバ S に送信する．

6. サーバ S は，秘密鍵 K_{priv}^S を用いてクライアントから受信したメッセージを復号し，共通鍵 K_{SC} を取得する．これ以降，サーバとクライアントは，共通鍵 K_{SC} を用いて通信を行う．

以上の手順で通信することにより，機密性，認証性，完全性が保証された安全なプロセス間通信が実現する．

6.4 アクセス制御

アクセス制御（access control）[29],[45] とは，システム内の情報資源に対するアクセスが権限付与されたとおりに行われていることを保証するための制御である．

6.4.1 アクセス規則

6.1.2項でも述べたように，アクセス制御では，だれが，どの情報資源を，どのように利用できるかが重要となる．だれが，どのオブジェクトの，どの操作演算を実行できるかを示した規則をアクセス規則という．アクセス規則を与えることを権限付与といい，権限付与を行う者を**権限付与者**（authorizer）という．

システム内の主体の集合を S，オブジェクトの集合を O，操作演算の集合を OP とする．アクセス規則の集合 AR は，$AR \subseteq S \times O \times OP$ である．AR 内の各組（アクセス規則）$\langle s, o, op \rangle \in S \times O \times OP$ は，だれ（s）が，なに（o）を，どのように（op）アクセスしてよいかを表している．

6.4.2 アクセスマトリクス

アクセス規則の集合 AR は，2次元のマトリクス M[29] で表せる．$\langle s, o, op \rangle \in$ AR であるとき，マトリクス M の s 行 o 列を $M[s, o]$ と表す．ここで，$M[s, o]$ = op となる．

read を r，write を w とし，$S = \{s_1, \cdots, s_4\}$，$O = \{o_1, \cdots, o_5\}$，OP = $\{rw, w, r\}$ の集合からなるアクセスマトリクスの例を図 **6.8** に示す．主体 s_1 は，すべてのオブジェクト $o_1, \cdots, o_5$ に対して，read 演算および write 演算が実行できる．主体 s_2 は，オブジェクト o_1, o_2 に対して read と write 演算を実行できるが，オブジェクト o_3, o_4, o_5 に対しては，read 演算しか実行できない．また，主体 s_3, s_4 は，オブジェクト o_1, o_2, o_3 に対して read 演算を実行できるが，o_4 と o_5 にはアクセスできない．

	o_1	o_2	o_3	o_4	o_5
s_1	rw	rw	rw	rw	rw
s_2	rw	rw	r	r	r
s_3	r	r	r	-	-
s_4	r	r	r	-	-

図 **6.8** アクセスマトリクス M

主体からのアクセス要求も，アクセス規則と同一の形式で記述される．例えば，図 **6.9** のように，主体 s_1 がオブジェクト o_3 に対して，read 演算の実行要

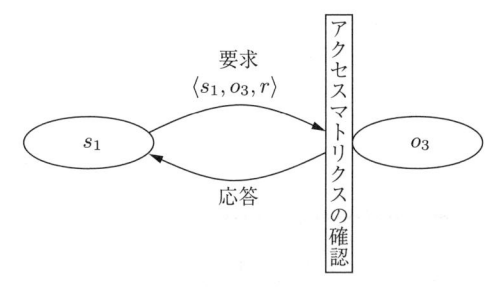

図 **6.9** アクセスマトリクスの確認

求 $\langle s_1, o_3, r \rangle$ を送信した場合を考える．要求を受信したオブジェクト o_3 は，図 6.8 で示したアクセスマトリクス M を確認する．ここで，$M[s_1, o_3] = rw$ であるため，o_1 からの read 要求は実行される．

主体とオブジェクトの数が増大した場合，アクセス規則集合 AR をアクセスマトリクス M として実現することは，記憶量とアクセス要求の確認に必要な計算時間が増大し，困難となる．アクセスマトリクスを効率的に実現する方法として，**アクセスリスト**（access list）[29] および**ケーパビリティリスト**（capability list）[29] 方式がある．

（1）**アクセスリスト**　　各オブジェクト o に対するアクセスリスト AL(o) を以下のように定義する．

定義 6.3　　（アクセスリスト AL(o)）

$$\mathrm{AL}(o) = \{\langle s, \mathrm{op} \rangle \mid \langle s, o, \mathrm{op} \rangle \in \mathrm{AR}\}$$

AL(o) は，オブジェクト o を利用できる主体 s とその主体が実行できる操作演算 op の対 $\langle s, \mathrm{op} \rangle$ を示している．主体 s からのアクセス要求 $\langle s, o, \mathrm{op} \rangle$ を受信した場合を考える．このとき，アクセス要求を送信した主体 s の認証を行う必要がある．認証は，パスワードや 6.3 節で述べた方法で行うことができる．つぎに，オブジェクト o のアクセスリスト AL(o) 内に $\langle s, \mathrm{op} \rangle$ が存在することを確認する．このように，アクセスリスト方式では，オブジェクトごとにアク

セスリストが管理され，主体からのアクセスが行われるごとにアクセスリストを用いた検証が実施される。

（2）ケーパビリティリスト 各主体 s に対するケーパビリティリスト $\mathrm{CL}(s)$ を以下のように定義する。

定義 6.4 （ケーパビリティリスト $\mathrm{CL}(s)$）

$$\mathrm{CL}(s) = \{\langle o, \mathrm{op} \rangle \mid \langle s, o, \mathrm{op} \rangle \in \mathrm{AR}\}$$

$\mathrm{CL}(s)$ は，主体 s に対して，s が利用できるオブジェクト o と，o に対して実行できる操作演算 op を示している。$\langle o, \mathrm{op} \rangle$ を主体 s のケーパビリティという。ケーパビリティリスト方式では，ケーパビリティを持っている主体 s だけが，オブジェクト o に対して操作演算 op を実行するためにアクセスできる。したがって，各アクセス要求ごとにアクセス規則を検証する必要がない。しかし，アクセス規則の変更に伴い，システム内の主体に分散されているケーパビリティの変更を行う必要がある。

6.4.3 アクセス制御方式

分散システム内の情報資源（オブジェクト）に対するアクセス制御方式には，自由裁量アクセス制御（DAC），強制アクセス制御（MAC），ロールベースアクセス制御（RBAC）がある。

（1）自由裁量アクセス制御 自由裁量アクセス制御（discretionary access control; DAC）[60] は，オブジェクトの所有者が任意の主体にアクセス規則を付与する方式である。また，ある主体が付与された権限を他の主体に与えることもできる。すなわち，システム管理者などの1人の権限付与者が中央集権的に権限付与を実施するのではなく，オブジェクトの所有者などに権限付与を委任する方式である。例えば，Linux システムなどでは，ファイルやディレクトリといったオブジェクトの所有者が，所有者自身，所属グループの利用者，その他の利用者に対して，読出し，書込み，実行権限を与えることができる。現在

のUNIXやLinuxシステムで採用されている標準的なアクセス制御モデルは，自由裁量アクセス制御である．また，データベースシステムなどには，ある主体が自分に付与された権限を他の主体に再付与できる制御方式が実装されたものもある．

リレーショナルモデルのDAC　例えば，リレーショナルデータベースシステムを考える．データベース管理者saがテーブルTに対するselectとupdate権限をデータベース利用者Aに付与する場合を考える．このとき，データベース管理者saは，以下のSQL文grantを実行する．

　　grant select, update on T to A with grant option

"with grant option"は，自由裁量アクセス制御方式を用いて，テーブルTに対するselectとupdate権限を利用者Aに付与することを意味している．これにより，データベース利用者Aは，テーブルTに対するselectとupdate権限を他の利用者に付与することが可能となる．例えば，利用者Aが以下のSQL文を実行することにより，データベース管理者saによって利用者Aに付与されたテーブルTへのselect権限を，他のデータベース利用者Bに付与することができる．

　　grant select on T to B with grant option

つぎに，データベース管理者saが利用者Aに与えたテーブルTに対するselect権限を取り消す場合を考える．権限を取り消すためには，以下のSQL文revokeを実行する．

　　revoke select on T from A cascade

これにより，利用者Aに付与したテーブルTに対するselect権限が取り消される．ある利用者Aが"with grant option"を用いて付与された権限を他の利用者Bに付与した場合を考える．このとき，利用者Bに付与された権限を依存権限と呼ぶ．"cascade"オプションを指定することで，自由裁量アクセス制御を用いて付与された依存権限はすべて取り消される．例では，管理者saが前述のSQL文（revoke文）を実行することで，利用者Aが利用者Bに

付与したテーブル T に対する select 権限も,同時に取り消される.

(2) 強制アクセス制御 強制アクセス制御 (mandatory access control; MAC)[60] では,システム内の主体とオブジェクトに対して,安全性の強さを表す安全性クラスが与えられる.強制アクセス制御は,主体とオブジェクトに与えられた安全性クラスを比較することで,強制的にアクセス権を付与する方法である.すなわち,強制アクセス制御では,オブジェクトの所有者の意図に関係なく,システム管理者により,強制的にアクセス制御が行われる.強制アクセス制御は,アクセス制御だけではなく,情報流制御にも用いることができる.強制アクセス制御および情報流制御の詳細は,6.5 節で述べる.

(3) ロールベースアクセス制御 ロール (role; 役割) とは,「大学における教授」や「企業における部長」といった,対象世界における職務権限を表す.分散システムでのロール R は,**アクセス権** (access right)(パーミッション (permission) ともいう)の集合として定義される.システム内の主体の集合を S,オブジェクトの集合を O,操作演算の集合を OP とする.ロール R は,$R \subseteq O \times \text{OP}$ である.ロール R 内の各組(アクセス権)$\langle o, \text{op} \rangle \in O \times \text{OP}$ は,オブジェクト o に対して,操作演算 op を実行できることを示す.**ロールベースアクセス制御** (role-based access control; RBAC)[60] では,アクセス権を一つずつ主体 s に付与するのではなく,ロール R を与えることで,アクセス権の集合を一括して付与する.各主体 s に対しては,適切なロール R を付与することでアクセス権を付与することとなる.すなわち,主体に対して直接アクセス権を付与するのではなく,ロールを介してアクセス権を付与する.これにより,システム管理者は,各主体に対するアクセス権の付与および管理をするのではなく,ロールの適切な管理と割り当てを行うだけでよくなる.

図 6.10 は,$S = \{s_1, s_2\}$,$O = \{o_1, o_2, o_3\}$,$\text{OP} = \{r, w\}$ の集合からなるシステムを示す.システム内にロール $R_1 = \{\langle o_1, w \rangle, \langle o_2, r \rangle\}$ と $R_2 = \{\langle o_3, r \rangle\}$ が定義されていて,R_1 は s_1 に,R_2 は s_2 に付与されているとする.このとき,s_1 はオブジェクト o_1, o_2 に対して,それぞれ write と read の演算を実行することができる.また,s_2 はオブジェクト o_3 に対して,read 演算を実行

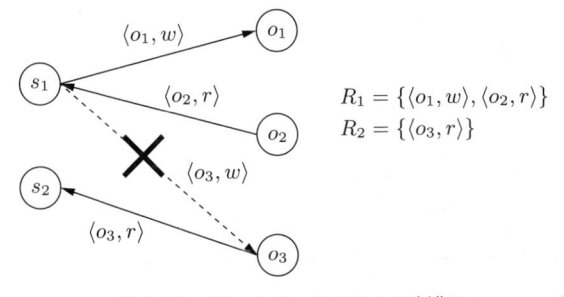

図 6.10 ロールベースアクセス制御

$R_1 = \{\langle o_1, w\rangle, \langle o_2, r\rangle\}$
$R_2 = \{\langle o_3, r\rangle\}$

することができる．システム内で，これら以外の実行要求が発行された場合は拒否される．

6.5 情報流制御

情報流制御（information flow control）[61],[62]とは，情報システムから情報が不正に流出することを防ぐための制御である．

6.5.1 不正な情報流

二つの主体（利用者）A, B がファイルオブジェクト F, G を操作する場合を考える．A と B には，**図 6.11** のアクセスマトリクスで示すように，アクセス規則が付

アクセスマトリクス

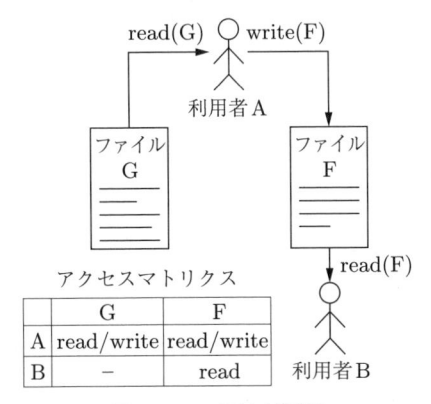

	G	F
A	read/write	read/write
B	−	read

図 6.11 不正な情報流

与されている．利用者 A はファイル F, G に対して read および write ができる．一方，利用者 B はファイル F の read のみができる．つまり，利用者 B は，ファイル G へのアクセスは許可されていない．ここで，利用者 A がファイル G を read し，その内容の一部をファイル F に write した後，利用者 B がファイル F を read したとする．利用者 A, B は，権限付与されたとおりにシステム内のオブジェクトにアクセスしている．しかし，結果的に，利用者 B は利用者 A とファイル F を経由して，ファイル G の内容を read したことになる．このように，任意のオブジェクトと主体を経由して，ある主体に本来その主体がアクセスできない情報が流れることを，**不正な情報流**という．アクセス制御を用いて，主体とオブジェクト間の通信が制御できても，オブジェクトを経由した主体間の情報流は制御できない．

6.5.2 束モデル

（1）多階層モデル　システムは，主体とオブジェクトの 2 種類の実体から構成される．多階層モデルでは，主体とオブジェクトを安全性レベルと情報の種類（カテゴリ）に分類する．安全性レベルとカテゴリの集合をそれぞれ SL と CT とする．例えば，大学には，研究所，部活，ゼミナールの三つのカテゴリが存在する．各カテゴリの情報には，重要，注意，公開の安全性レベルが存在する．このとき，SL = { 重要，注意，公開 }，CT = { 研究所，部活，ゼミナール } となる．ここで，安全性レベル間には，「重要」は「注意」よりもレベルが高く，「注意」は「公開」よりもレベルが高いといった順序関係（重要 > 注意 > 公開）が存在する．e を任意の主体 s またはオブジェクト o を示す実体とする．このとき，安全性の強さを表す**安全性クラス** $\mathrm{sc}(e)$ を，安全性のレベル $\mathrm{sl}(e)$ とカテゴリ $\mathrm{ct}(e)$ の組で示す．すなわち，$\mathrm{sc}(e) = \langle \mathrm{sl}(e), \mathrm{ct}(e) \rangle$ とする．

定義 6.5　（安全性クラスの支配関係）

安全性クラス $\mathrm{sc}(e_1)$ と $\mathrm{sc}(e_2)$ に対して，$\mathrm{sl}(e_1) \geq \mathrm{sl}(e_2)$ で，かつ $\mathrm{ct}(e_1) \supseteq \mathrm{ct}(e_2)$ ならば，$\mathrm{sc}(e_1)$ は $\mathrm{sc}(e_2)$ を**支配する**（$\mathrm{sc}(e_1) \prec \mathrm{sc}(e_2)$）．

例えば,ある教員Tは,研究所の代表と部活の部長を兼務しており,安全性レベルが「重要」であったとする。部活のデータDがあり,安全性レベルが「注意」であるとする。このとき,TとDの安全性クラスは, sc(T) = ⟨ 重要, { 研究所, 部活 }⟩ および sc(D) = ⟨ 注意, { 部活 }⟩ となる。sl(T) (=重要) ≧ sl(D) (=注意) であり,かつ ct(T) (= { 研究所, 部活 }) ⊇ ct(D) (= { 部活 }) であるので, sc(T) ≺ sc(D) となる。

(2) 束モデル 多階層モデルを一般化したモデルとして,**束** (lattice)[62] に基づいたモデルがある。システム内の実体 e(主体およびオブジェクト)は,安全性クラス sc(e) が与えられる。システム内の安全性クラスの集合を SC とする。

定義 6.6 (流出可能)

SC 内の任意の安全性クラス sc(e_1) と sc(e_2) に対して,実体 e_1 内の情報を実体 e_2 に流すことができるとき, sc(e_1) は sc(e_2) に**流出可能** (sc(e_1) → sc(e_2)) であるとする。

実体 e_1, e_2 の安全性クラス sc(e_1) と sc(e_2) 間の**支配関係** ≺ を,以下のように定義する。

定義 6.7 (支配関係)

SC 内の任意の安全性クラス sc(e_1) と sc(e_2) に対して

1. sc(e_1) → sc(e_2) であり, sc(e_2) ↛ sc(e_1) ならば, sc(e_1) は sc(e_2) に先行する。すなわち, sc(e_1) ≺ sc(e_2) である。
2. sc(e_1) ≺ sc(e_2) または sc(e_1) ≡ sc(e_2) ならば, sc(e_1) は sc(e_2) を支配する。すなわち, sc(e_1) ⪯ sc(e_2) である。
3. sc(e_1) ⪯ sc(e_2) または sc(e_2) ⪯ sc(e_1) ならば, sc(e_1) と sc(e_2) は比較可能である。

安全性クラスの集合 SC は，束 $\langle SC, \preceq, \cup, \cap \rangle$ として表せる．$\cup$ と $\cap$ は，それぞれ**最小上界**（least upper bound）と**最大下界**（greatest lower bound）を表す．SC 内の任意の安全性クラス $sc(e_1)$ と $sc(e_2)$ について，$sc(e_1) \cup sc(e_2)$ は SC 内の安全性クラス $sc(e)$ であり，$sc(e_1) \rightarrow sc(e)$, $sc(e_2) \rightarrow sc(e)$ でかつ，$sc(e_1) \rightarrow sc(e_3)$, $sc(e_2) \rightarrow sc(e_3)$, $sc(e_3) \rightarrow sc(e)$ となる $sc(e_3)$ が存在しないものである．$sc(e_1) \cap sc(e_2)$ も同様に定義される．

6.5.2 項（1）で示した大学の例を考える．各カテゴリ内の情報はだれでもアクセスできるが，他のカテゴリの情報にはアクセスできないものとする．また，複数のカテゴリに所属する主体は，これらのカテゴリの情報にアクセスできるものとする．このとき，安全性クラス SC の束を表すハッセ図を図 **6.12** に示す．図中において，矢印は支配関係を示す．例えば，安全性クラス { 研究所, 部活 } の情報は，{ 研究所, 部活, ゼミナール } に流出できる（{ 研究所, 部活 } $\prec$ { 研究所, 部活, ゼミナール }）．しかし，この情報を { 部活 } には流せない．

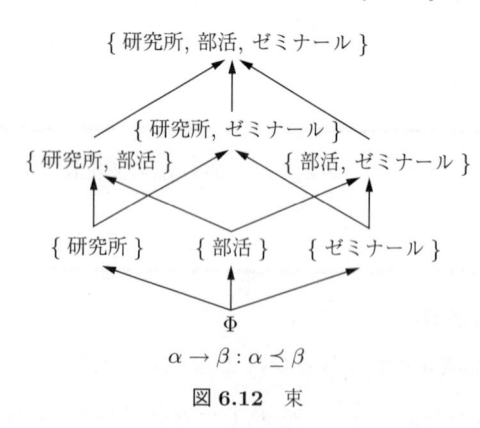

$\alpha \rightarrow \beta : \alpha \preceq \beta$

図 **6.12** 束

束モデルで $sc(e_1) \preceq sc(e_2)$ であるとは，実体 e_1 よりも実体 e_2 のほうが重要な情報を保有していることを示す．束モデルでは，情報を流すことができる安全性クラス間の関係を示すことができるが，実体に対してどのようにアクセスできるかを表すことはできない．

6.5.3 強制アクセス制御モデル

6.5.2 項（2）で述べた束モデルを用いた情報流制御とアクセス制御を同時に実現するモデルとして，**強制アクセス制御モデル**[62])がある．二つの実体 e_1, e_2 の安全性クラス $\mathrm{sc}(e_1)$ および $\mathrm{sc}(e_2)$ を考える．束モデルで示したとおり，$\mathrm{sc}(e_2) \preceq \mathrm{sc}(e_1)$ ならば，実体 e_2 の情報は実体 e_1 に流れることができる．ここで，e_1 が e_2 を read するとき，e_2 の情報が e_1 に流れる．よって，$\mathrm{sc}(e_2) \preceq \mathrm{sc}(e_1)$ ならば，e_1 が e_2 を read できる．つぎに，e_1 が e_2 を write するとき，e_1 の情報が e_2 に流れる．よって，$\mathrm{sc}(e_1) \preceq \mathrm{sc}(e_2)$ ならば，e_1 は e_2 を write できる．最後に，実体 e_1 が実体 e_2 内のデータを修正（modify）する場合を考える．このとき，e_1 は e_2 を read してデータを修正した後，修正したデータを e_2 に write する．よって，e_2 の情報が e_1 に流れた後，e_1 から e_2 に情報が流れる．よって，$\mathrm{sc}(e_1) \equiv \mathrm{sc}(e_2)$ ならば e_1 は e_2 を modify できる．

安全性クラス間の支配関係をもとに定められた**強制アクセス制御規則**を，以下に示す．

定義 6.8 （強制アクセス制御規則）

e_1 と e_2 を実体とする．

1. $\mathrm{sc}(e_2) \preceq \mathrm{sc}(e_1)$ ならば，e_1 は e_2 を read できる．
2. $\mathrm{sc}(e_1) \preceq \mathrm{sc}(e_2)$ ならば，e_1 は e_2 を write できる．
3. $\mathrm{sc}(e_1) \equiv \mathrm{sc}(e_2)$ ならば，e_1 は e_2 を modify できる．

強制アクセス制御規則を適用することで，不正な情報流が発生しないアクセス制御を行うことができる．

7 フォールトトレラント分散システム

分散システムでは，コンピュータのダウンなどの種々の故障が起きうる。こうした故障が起きたとしても，複数のプロセスによる協調動作を正しく行わなければならない。本章では，故障に対して，分散システムを正しく動作させる方式について考える。

7.1 故　　　障

本節では，分散システムが被る種々の故障について考える。

7.1.1 故障の種類

2章で述べたように，分散システムは，複数のプロセスがネットワークを用いてメッセージ通信をしながら協調動作を行うシステムである。分散システムはプロセスとネットワークから構成されることから，プロセスとネットワークの故障を考える必要性がある。ネットワークでのメッセージ紛失などの障害については，3章で考えた。そこで，本章では，ネットワークは信頼性があるものとして，プロセスについて考える。各プロセスから送信されたメッセージは，宛先プロセスに，紛失することなく，だぶることなく，壊れることなく，送信順に配送される。また，プロセス間の遅延時間の上限も定まっている同期型のネットワークを考える。

システムが要求仕様どおりに動作しないとき，システムは**障害**（failure）しているという。分散システムはプロセスとネットワークという要素から構成

されている。システムを構成する要素の障害を，システムの**故障**（fault）という。ある構成要素が故障しても，システム全体が障害しないようにする技術が，**フォールトトレラント**（fault-tolerant; 耐故障）技術である。例えば，データベースシステムを考える。データベースシステムが一つのコンピュータだけに実装されていると，このコンピュータが故障するとデータベースシステムを利用できなくなってしまう。このため，同じデータベースシステムを複数のコンピュータに多重化することが考えられる。こうすることにより，一つのデータベースシステムが故障しても，他のデータベースシステムによりサービスを利用者に提供することができ，システム全体としては障害していないことになる。

故障には，電源断などによるコンピュータの停止，コンピュータのクラッキングなど，さまざまな種類がある。ここでは，分散システムを考えるときに重要となる以下の種類の故障について考える。

1. **停止故障**（stop-fault）
2. **オミッション故障**（omission fault）
3. **コミッション故障**（commission fault）

停止故障とは，システム要素のプロセスが一定時間以上動作しなくなる故障である。代表的な例として，停電，OS のバグ，過負荷などによるコンピュータのダウンがある。コンピュータがダウンした場合，OS をリブートして立ち上げなければならない。上記の一定時間とは，コンピュータが停止してから再起動するまでの時間である。プロセス p_j が停止故障していると，他のプロセス p_i が p_j にいくらメッセージを送っても，応答メッセージはまったく返ってこない。

オミッション故障とは，システム要素がときどき動作しなくなる故障を指す。例えば，プロセスが別のプロセスにメッセージを送信したとき，応答メッセージが返ってくる場合も返ってこない場合もある状況である。このように，プロセスは通常は正常に動作しているが，ときどきプロトコルで決められたように動作しない故障をいう。

最後のコミッション故障とは，プロセスは動作していてメッセージを受信すると応答メッセージを返すが，定められていない応答をする故障である。コミッ

ション故障のプロセスは，誤動作を行っているプロセスである．コミッション故障は，**嘘つき故障**（malicious fault）とも呼ばれる．

オミッション故障とコミッション故障は，あわせて**ビザンティン故障**（Byzantine fault）[48]と呼ばれる．中世の十字軍の遠征軍の中で，将軍も同僚も信用できない兵士の状況に類似していることから，この名前が用いられる．ある兵士にとって，将軍は自分にだけ命令を伝えない（オミッション故障）かもしれないし，同僚に出した命令と異なった命令を出す（コミッション故障）かもしれない．また，将軍から受けた命令を確認するために，同僚に問い合わせても，受けた命令と異なった命令を教える（コミッション故障）かもしれないし，なにも教えてくれない（コミッション故障）かもしれない．こうした状況下で，故障していない兵士だけでどのような命令を受けたかについての合意をとる問題は，**ビザンティン合意**と呼ばれる[48]．

7.1.2 信頼性と可用性

分散システムの障害についての評価指標として，**信頼性**（reliability）と**可用性**（availability）がある．システムが障害してからつぎの障害が起きるまでの平均時間を，**平均障害間隔**（mean time between failure; MTBF）という．分散システムは，MTBFが長いほど信頼性が高いという．すなわち，障害なしに正しく動作している時間が長いほど，システムの信頼性が高い．一方，分散システムが障害を起こしたら，修復を行い動作を再開する．障害が起きてから動作を再開するまでの平均時間を，**平均修復時間**（mean time to repair; MTTR）という．分散システムで，MTBF / (MTBF + MTTR) が大きいほど，可用性は高いという．可用性が大きいシステムは，利用者がシステムを利用しようとしたとき，システムが正しく動作している確率が高い．例として，システム A は 12 か月間無停止であったが，障害を起こして復旧に 1 か月かかったとする．システム B は，24 時間無停止であったが，障害を起こして復旧に 1 時間かかったとする．このとき，システム A の MTBF は 12 か月で，システム B の信頼性 24 時間より長く，A のほうが B より信頼性が高いことになる．一方，可用性

を考えると，システム A は 12 / (12 + 1) = 12 / 13，システム B は 24 / (24 + 1) = 24 / 25 となり，システム B の可用性はシステム A より大きくなる．

7.2 多重化方式

分散システムでは，プロセスの故障を検出する必要がある．分散システムでは，プロセス p_i は他のプロセス p_j の故障を，プロセス p_i, p_j 間でのメッセージ送受信を通じて検出する．まず，分散システム内の各プロセスは，停止障害だけを起こすとする．停止障害したプロセスは一定時間以上メッセージの応答がない．このため，プロセス p_i は，プロセス p_j にメッセージを送って一定時間内に応答が返ってこなければ，プロセス p_j は故障，すなわち停止故障したと考える．つぎに，プロセスがオミッション故障またはコミッション故障を起こすときを考える．プロセス p_i がプロセス p_j にメッセージを送り，応答メッセージを受信したとしても，プロセス p_j が故障しているかどうかは決定できない．このために，プロセス p_j の複製 (replica) プロセスを複数を用意する ($p_{j1}, \cdots,$ p_{jm})．プロセス p_i は，同じメッセージをこれらの l 個の複製プロセスに送信し，これらからの応答メッセージを待つ．この複製プロセスの中のある複製プロセス p_{jk} が故障する．複製プロセス p_{jk} がオミッション故障していれば，プロセス p_i は応答を p_{jk} から受信しないことがある．コミッション故障していれば，複製プロセス p_{jk} は正しい複製プロセスとは異なった応答メッセージを送信してくる．このため，l 個の複製プロセスからの応答メッセージの中で，過半数の応答メッセージが同じものであれば，これが正しい応答メッセージとなる．ここでは，ビザンティン故障を起こす複製プロセスの最大数 f は l の半分より小さい ($f < l / 2$) 必要がある．これ以上の複製プロセスが故障する場合には，応答メッセージの過半数を正しい応答とすることはできない．

分散システムのプロセスの故障に対処するには，**多重化** (duplication) が必要となる．多重化の方法には，以下の 2 種がある．

1. **時間多重化**（time duplication）
2. **空間多重化**（space duplication）

時間多重化は，プロセスの故障が起きたときに，プロセスを再実行する方式である．プロセスを初めから再実行すると実行時間が長くかかってしまうので，途中から再実行することが必要となる．このための**チェックポイント方式**について，次節で考える．時間多重化では，故障が発生すると再実行が行われるため，分散システムの可用性は低くなる．一方，空間多重化は，プロセスの複製（replica）を複数用意し，ある複製プロセスが故障しても他の複製プロセスにより処理を継続する方法である．ここでは，どれかの複製プロセスが故障しても，他の複製プロセスで処理を継続することができる．このため，空間多重化された分散システムは可用性が高くなる．ただし，複数の複製プロセスが動作するために，負荷は増大する．

7.3 チェックポイント

7.3.1 チェックポイントの取得

プロセスで**チェックポイント**（checkpoint）を取得するとは，プロセスの状態を**ログ**（log）に退避することである．ログは**不揮発性**（non-volatile）**記憶装置**に記憶される．不揮発性記憶装置内に記憶されたデータは，コンピュータが停止しても消滅しない．一方，**揮発性**（volatile）**記憶装置**内に記憶されたデータは，コンピュータが停止すると消滅してしまう．コンピュータのメモリ（主記憶）は揮発性記憶装置である．不揮発性記憶装置に記憶することで，プロセスを実行しているコンピュータが故障してもログが残る．したがって，プロセス p_i が故障しても，最近のチェックポイントでログに退避されていた状態にプロセスを戻し，ここから実行を再開することができる（**図 7.1**）．プロセスの状態をチェックポイントの状態に戻すことを**ロールバック**（rollback）という．

分散システムでは，複数のプロセス $p_1, \cdots, p_n$ がメッセージ通信を行いなが

7.3 チェックポイント

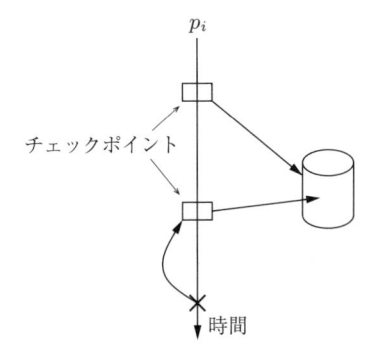

図 7.1 チェックポイント

ら協調動作している。各プロセス p_i は，チェックポイント $\mathrm{cp}_i^1, \mathrm{cp}_i^2, \cdots$ を取得しながら実行されていく。cp_i^k は，プロセス p_i が k 番目に取得したチェックポイントである（$k = 1, 2, \cdots$）。このとき，別のプロセス p_j が故障したとする。分散システムでプロセス $p_1, \cdots, p_n$ 間での協調動作を行えなくなる。各プロセス p_i はチェックポイントにロールバックするが，どのチェックポイント cp_i^k までロールバックすればよいかが問題となる。

例として，図 7.2 を考える。プロセス p_i は，プロセス p_j からのメッセージ m_j を受信した後にチェックポイント A を取得する。この後，プロセス p_i はメッセージ m_i をプロセス p_j に送信する。一方，プロセス p_j は，チェックポイント B を取得した後にメッセージ m_j を送信し，メッセージ m_i を受信する。ここで，プロセス p_i が故障し，チェックポイント A にロールバックしたとする。

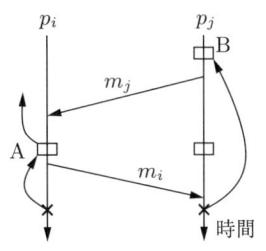

図 7.2 雪崩現象

プロセス p_j は，メッセージ m_i をプロセス p_i から受信しているので，チェックポイント B までロールバックする．プロセス p_j のメッセージ m_j の送信も無効となるので，メッセージ m_j の受信も無効としなければならない．このため，プロセス p_i は，さらにロールバックしなければならなくなる．このように，あるプロセス p_i でロールバックにより他のプロセスがロールバックしていき，p_i もさらにロールバックしていく現象を，ロールバックの**雪崩現象**（cascading）という．この例が示すように，各プロセスがどのようなタイミングでチェックポイントを取得するかが重要である．

各プロセス p_i は，チェックポイントを例えば定期的に取得する．ここで，プロセス p_i が，k 番目に取得したチェックポイントを cp_i^k とする（$k \geq 1$）．分散システムの**全体チェックポイント**（global checkpoint）cp は，プロセス $p_1, \cdots, p_n$ のチェックポイントの組 $\langle \mathrm{cp}_1^{k_1}, \cdots, \mathrm{cp}_n^{k_n} \rangle$ である（$k_i = 1, 2, \cdots, i = 1, \cdots, n$）．全体チェックポイント cp は，正しい全体状態（2 章）を示しているとき**正しい**（consistent）という．分散システムでは，正しい全体チェックポイントを見つけることが重要である．分散システム内のあるプロセス p_i が故障したときには，どのプロセス p_j もチェックポイント $\mathrm{cp}_j^{k_j}$ にロールバックする．このとき，各プロセスのチェックポイントの組である全体チェックポイント $\langle \mathrm{cp}_1^{k_1}, \cdots, \mathrm{cp}_n^{k_n} \rangle$ は正しいものでなければならない．

まず，各プロセスのチェックポイントの取得方式について考える．あるプロセス p_i が k_i 番目のチェックポイント $\mathrm{cp}_i^{k_i}$ を取得しようとする．このようにチェックポイント取得手続きを起動するプロセスを，全体チェックポイントの取得手続きの根（root）プロセスという．起動プロセス p_i に対して，以下の手続き Checkpoint(p_i) を実行する（図 **7.3**）．

Checkpoint(p_i)

1. まず，この時点でのプロセス p_i のローカル状態をメモリ内に退避する．これを**仮チェックポイント**とする．
2. プロセス p_i が，最新のチェックポイント $\mathrm{cp}_i^{k_i-1}$ の後にメッセージを受信しているプロセス p_j を子プロセスとする．また，プロセス p_i をプロセ

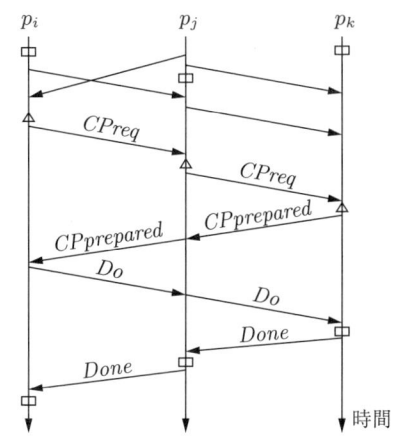

7.3 チェックポイント

```
    p_i      p_j      p_k
     □        □        □
     │────────▷│        │
     │◁────────│        │
     │────△───▷│        │
     │ CPreq   │        │
     │         │────────▷│
     │         │ CPreq  │
     │         │◁───△───│
     │         │CPprepared│
     │◁────────│        │
     │CPprepared        │
     │────Do──▷│        │
     │         │────Do─▷│
     │         │        │
     │         │◁──Done─│
     │◁──Done──│        │
     □         □        □
                       ▼時間
```
△：仮チェックポイント　□：チェックポイント

図7.3 チェックポイント取得手続き

ス p_j の親プロセスとする。すべての子プロセスに対して，チェックポイント要求 CPreq($k_i - 1$) を送信する。子プロセスがなければ，$CPprepared$ メッセージを親プロセスに送信する。

3. チェックポイント要求 CPreq(k) メッセージを受信したら，子プロセス p_j がすでに $CPreq$ メッセージを受信している場合は，$CPprepared$ メッセージを親プロセスに送信する。そうでなければ，子プロセス p_j は Checkpoint(p_j) を実行する。$CPprepared$ メッセージを親プロセス p_i に返す。

根プロセス p_i がすべての子プロセス p_j から $CPprepared$ メッセージを受信したら，以下の手続きを実行する。

Do(p_i)

1. プロセス p_i は Do メッセージをすべての子プロセス p_j に送信する。

2. 各子プロセス p_j は，Do メッセージを受信したら，手続き Do(p_j) を実行する。すでにチェックポイントを取得していれば，$Done$ メッセージを p_j の親プロセスに送信する。

3. すべての子プロセスから $Done$ メッセージを受信したら，メモリ内のロー

カル状態をログに退避する。すなわち，プロセス p_i はチェックポイント $\text{cp}_i^{k_i}$ を取得する。$Done$ メッセージを親プロセスに送信する。

このように，まず各プロセスのローカル状態をログに退避することにより，仮チェックポイントを取得する。全プロセスで仮チェックポイントを取得したら，全プロセスでログにローカル状態を記憶する。このように，分散システム内のプロセスが同期をとりながら，2段階でチェックポイントが取得される。

各プロセス p_i が送信するメッセージ m は，最新のチェックポイント $\text{cp}_i^{k_i}$ のチェックポイント番号 k_i を運ぶ。

7.3.2 ロールバック

つぎに，あるプロセス p_i が故障したときの復旧方法について考える（図 **7.4**）。

復旧手順

1. 故障したプロセス p_i は，最新のチェックポイント $\text{cp}_i^{k_i}$ にロールバックする。プロセス p_i は，Rollbacked(k_i) メッセージを全プロセスに送信する。
2. Rollbacked(k_i) メッセージを受信したプロセス p_j は，プロセス p_i からチェックポイント番号 k_i のついたメッセージを受信しているかどうかを調べる。
3. 受信していれば，一番最初に受信したメッセージの最新のチェックポイント $\text{cp}_j^{k_j}$ までロールバックする。ここで，チェックポイント $\text{cp}_j^{k_j}$ 後にメッセージを送信しているプロセスがあれば，Rollbacked(k_j) メッセージを送信する。

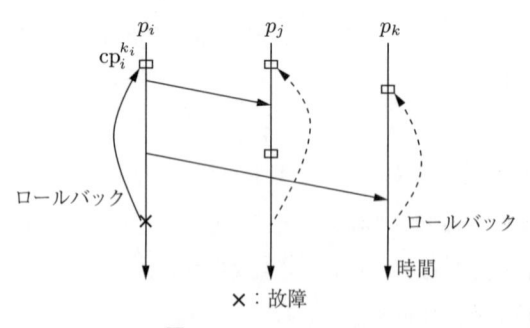

図 **7.4** ロールバック

7.4 プロセスの複製

7.4.1 プロセスの複製方法

各プロセス p_i の**複製**（replica）プロセス $p_{i1}, \cdots, p_{il}$ ($l \geqq 2$) を設け，異なるコンピュータで実行させる空間多重化について考える．クライアントは，複数のサーバコンピュータ $s_1, \cdots, s_l$ にプロセス要求 p_i を送信する．プロセス要求 p_i を受信したら，各サーバ s_t はプロセスの複製 p_{it} を作成し実行する．複製プロセス p_{it} の実行が終了したら，応答 r_{it} メッセージをクライアントに送信する．

プロセスの複製作成の方法には，以下がある．
1. **能動的複製化**（active replication）
2. **受動的複製化**（passive replication）
3. **準能動的複製化**（semi-active replication）

7.4.2 能動的複製化

能動的複製化では，プロセス p_i の各複製プロセス p_{it} で，同じ処理が実行される．すなわち，各複製プロセスでは，同じメッセージを受信して同じ応答メッセージを送信する．つまり同じ状態遷移をする．このため，プロセス p_i は，決定論的なプロセスでなければならない．

能動的複製化の手順を以下に示す（**図 7.5**）．
1. クライアント c は，プロセス要求 p_i を l 個のサーバ $s_1, \cdots, s_l$ に送信する．
2. プロセス要求 p_i を受信したら，各サーバ s_t でプロセス p_i の複製プロセス p_{it} を生成し実行する．
3. 複製プロセス p_{it} が終了したら，応答 r_{it} をクライアント c に送信する．
4. クライアント c はサーバから応答を受信する．プロセス p_i は終了する．

まず，プロセスは停止障害のみを被ると仮定する．故障した複製プロセスは

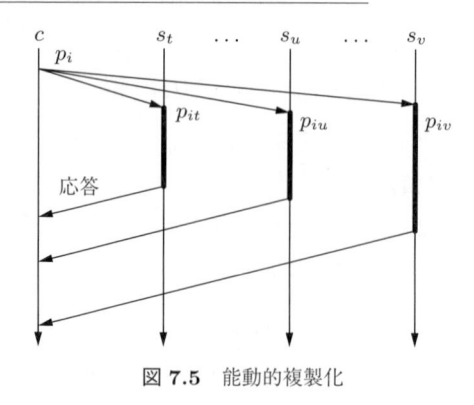

128   7. フォールトトレラント分散システム

図 7.5 能動的複製化

応答をクライアント c に返さない．l 個の複製プロセス $p_{i1}, \cdots, p_{il}$ のうちの少なくとも一つの複製プロセスが正常動作していれば，正しくプロセス p_i を実行できることとなる．したがって，最大 $l-1$ 個の複製プロセスの故障に対応できる．

つぎに，複製プロセスがビザンティン故障を起こすとする．このときは，各複製プロセス p_{it} からは，正しい応答を受信するか，正しくない応答を受信するか（コミッション故障），応答がないか（オミッション故障）のいずれかである．ここでは，クライアント c が複製プロセスから受信した応答を集め，過半数（$> l/2$）の応答をプロセス p_i の応答とする．したがって，l 個の複製プロセスの中で，1/2 以上の複製がビザンティン故障を起こしたら，正しい応答を得ることができない．能動的複製化では，ある複製プロセスが故障しても他の複製プロセスでも処理が行われているため，故障しても応答時間に影響はない．

7.4.3　受動的複製化

つぎにプロセスの受動的複製化を考える．l 個の複製プロセス $p_{i1}, \cdots, p_{il}$ の中の一つ p_{it} を**主**（primary）**複製プロセス**とし，他の複製プロセスを**副**（secondary）**複製プロセス**とする．主複製プロセス p_{it} のみがサーバ s_t で実行される．他の副複製プロセス p_{iu} はサーバ s_u に存在するが，実行はされない．

プロセス p_i の受動的複製化の手順を以下に示す（**図 7.6**）．

7.4 プロセスの複製

図 7.6 受動的複製化

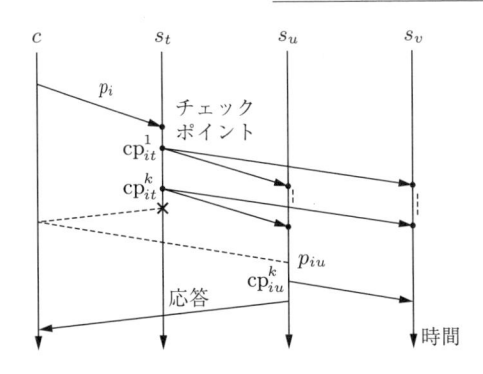

● : チェックポイント　✗ : 故障

受動的複製化

1. 主複製プロセス p_{it} は，実行しながらチェックポイントを取得する．主複製プロセス p_{it} は，例えば定期的にチェックポイントを取得する．

2. 主複製プロセス p_{it} は，チェックポイントを取得したら，チェックポイントにおける複製プロセス p_{it} のローカル状態を，各副複製プロセス p_{iu} に送信する．

3. チェックポイントを受信したら，各副複製プロセス p_{iu} はローカル状態をログ L_{iu} に記憶する．

4. 主複製プロセス p_{it} が終了したら，クライアント c に応答メッセージ r_{it} を送信する．

5. クライアント c は，応答メッセージ r_{it} を受信したら，プロセス p_i はコミット（正常終了）する．各副複製プロセス p_{iu} に停止要求を送信し停止させる．

つぎに，主複製プロセス p_{it} が故障したとする．以下の手順により，副複製プロセスの一つ p_{iu} が選ばれて新しい主複製プロセスとなり，処理が継続される．

主複製プロセスの故障からの復旧

1. 副複製プロセスの中から一つ p_{iu} を選び，新しい主複製プロセスとする．

2. 新たに選ばれた主複製プロセス p_{iu} は，最新のチェックポイント cp_i^k に

ロールバックし，ログ L_{iu} に記憶されているローカル状態を読み込み再実行される．

3. 主複製プロセス p_{iu} は，チェックポイントを取得しながら実行される．

受動的複製化では，同時に一つの複製プロセスしか実行されないので，プロセス p_i は非決定論的であってもかまわない．主複製プロセスが故障したときには，一つの副複製プロセスが新しい主複製プロセスとなり実行される．このとき，最新のチェックポイントに戻って実行が再開される．このため，能動的複製化と比較すると，再実行に時間がかかってしまう．すなわち，可用性が低下する欠点がある．一方，主複製プロセスのみが実行されるので，処理負荷は低減できる．

7.4.4 準能動的複製化

準能動的複製化[63]では，すべての複製プロセスで処理が行われる．すなわち，それぞれの副複製プロセスは，主複製プロセスと同じメッセージを受信して処理が行われるが，応答は返さない．応答を返すのは主複製プロセスのみである．

以下に準能動的複製化の手順を示す．
1. 主複製プロセス p_{it} は，実行しながらチェックポイントを取得する．例えば，定期的にチェックポイントは取得される．
2. 主複製プロセス p_{it} と各副複製プロセスが実行される．
3. 主複製プロセス p_{it} はチェックポイントを取得したら，チェックポイントにおける主複製プロセス p_{it} のローカル状態を，各副複製プロセス p_{iu} に送信する．
4. チェックポイントを受信したら，各副複製プロセス p_{iu} は，自分のローカル状態を主複製プロセス p_{it} のローカル状態にする．各副複製プロセス p_{iu} が実行される．
5. 主複製プロセス p_{it} が終了したら，クライアント c に応答メッセージ r_{it} を送信する．

6. クライアント c が応答メッセージ r_{it} を受信したら，プロセス p_i はコミット（正常終了）する．各副複製プロセス p_{iu} に停止要求を送信し，停止させる．

主複製プロセス p_{it} が故障したら，受動的複製化と同様に，副複製プロセスのうち一つ p_{iu} を選び，新たに主複製プロセスとする．ここで，受動的複製化とは異なり，複製プロセス p_{iu} はメッセージを受信しながら実行されるが，メッセージを送信しない．各副複製プロセス p_{iu} は，主複製プロセス p_{it} からチェックポイントを受信したら，自分のローカル状態をチェックポイントで送られてきたものとする．すなわち，主複製プロセス p_{it} と同じ状態になる．このあとは，各副プロセス p_{iu} は実行される．準能動的複製化は，非決定論的プロセスも実行できる特徴がある．また，ロールバックがないために，故障が起きても応答時間が長くならない．

7.5 合　　　　意

分散システムでは，ネットワーク上に分散した複数のプロセスがたがいに通信を行いながら協調動作を行う必要がある．複数のプロセス間での協調動作を実現するためには，プロセス間で合意を行う必要がある．複数のプロセス p_1，$\cdots$，p_n（$n \geq 2$）の**合意**（consensus）とは，各プロセス p_i が初期値 v_i を持つ状態からスタートして，プロセスの故障が発生したとしても，すべての正常なプロセスが同一の値を決定することである．

7.5.1 合意プロトコル

複数のプロセス p_1，$\cdots$，p_n（$n \geq 2$）の集合を考える．各プロセス p_i は，合意プロトコルが実行される前に初期値 v_i を持つ．プロセス p_i の持つ初期値 v_i を入力値と呼ぶ（$\{v_1, \cdots, v_n\}$）．複数のプロセス p_1，$\cdots$，p_n（$n \geq 2$）の間で以下の条件を満足するプロトコルを**合意プロトコル**と呼ぶ．

定義 7.1 （合意プロトコルの条件）
1. 終了：すべての正常なプロセスは，いずれある値 v_k を決定する．
2. 合意：すべての正常なプロセスが決定した値 v_k は同一である．
3. 整合性：もし，すべての正常なプロセスが同一の値 v_k を提案するならば，すべての正常なプロセスは値 v_k を決定値とする．

7.5.2 非同期型システムでの合意

複数プロセス間での合意問題を考える場合，分散システムが同期型であるか非同期型であるかが重要となる．2.1.2 項では，同期型および非同期型のプロセスおよびネットワークについて述べた．すべてのプロセスとネットワークが同期型のときに分散システムは同期型である．さもなければ，分散システムは非同期型である．同期型システムでは，各プロセスがタイムアウト機構を用いることで他のプロセスの故障を検出することができる．一方で，非同期型システムでは，不可能性定理（2.1.2 項参照）で示したように，タイムアウト機構を用いたプロセスの故障検出ができない．このことから，非同期型システムでの合意に関して，以下の結論[2]が示されている．

定理 7.1 （非同期型システムでの合意）
分散システムが非同期型であるとき，一つでもプロセスが故障したら合意を行えない．

7.5.3 ビザンティン合意

分散システムで合意問題を考える場合，どのような故障が発生するかが重要となる．7.1.1 項でプロセスの故障の種類について述べた．本項では，同期型の分散システムでプロセスがビザンティン故障する場合を考える．プロセスがビザン

ティン故障する条件のもと,複数のプロセス $p_1, \cdots, p_n$ 間で合意を行うことを**ビザンティン合意**[48]と呼ぶ.ただし,同時に故障するプロセス数の最大値 $f (\leq n)$ はわかっているものとする.すなわち,ビザンティン合意とは,プロセス故障についてなにも仮定できない場合に,正しいプロセスが合意に達することをいう.

複数プロセス $p_1, \cdots, p_n$ でのビザンティン合意について考える.同時に故障するプロセスの最大数を f とする.送信プロセス p_1 がある値を持つメッセージ m を $p_2, \cdots, p_n$ に送信する.このとき,以下の制約が満たされればビザンティン合意が達成される.

1. プロセス $p_1, \cdots, p_n$ 内のすべての正しいプロセスは,同一の値に合意する.
2. 送信プロセス p_1 が正しいならば,正しいすべてのプロセスはメッセージ m の値に合意する.

ビザンティン合意では,送信プロセス p_1 がビザンティン故障している可能性がある.よって,受信プロセス p_i がメッセージ m を受信したとき,他のプロセス p_j がプロセス p_1 からどのようなメッセージを受信しているかを確認する必要がある.そのためには,受信したメッセージを受信プロセス間で交換する必要がある.ここで,プロセス p_i が送信プロセス p_1 と他の受信プロセス p_j から異なるメッセージを受信した場合を考える.このとき,受信プロセス p_j が正しいとは限らない.よって,送信プロセス p_1 と受信プロセス p_j の両方が故障しているのか,いずれか一方が故障しているのかを区別できない.このため,ビザンティン合意では,プロセス間で複数回のメッセージ交換が必要となる.ここで,7.1.1 項で述べたように,本章では,ネットワークは信頼性があり,同期型であるとする.また,各プロセスから他のすべてのプロセスへの通信路が存在するものとする.このとき,ビザンティン合意に関して,以下の結論が示されている.

定理 7.2 (ビザンティン合意条件)

$n \geq 3f + 1$ ならば,ビザンティン合意できる[48].

これは，n 個のプロセスのうち，3分の1以上のプロセスが故障する場合はビザンティン合意が達成できないことを示している．図 **7.7** は，三つのプロセス p_1, p_2, p_3 がビザンティン合意を行う例である．ここで，プロセス p_1 が送信プロセスであり，p_3 が故障プロセスであると仮定する．すなわち，$n = 3$, $f = 1$ である．初めに，プロセス p_1 が値 v を含んだメッセージ m をプロセス p_2, p_3 に送信する．つぎに，プロセス p_2, p_3 は，それぞれがプロセス p_1 から受信したメッセージを交換する．このとき，プロセス p_3 は，受信した値 v とは異なる値 w を含んだメッセージ m' をプロセス p_2 に送信したとする．このとき，プロセス p_1, p_3 から異なる値を受信したプロセス p_2 は，プロセス p_1 が故障しているのか，プロセス p_3 が故障しているのか，または，両方とも故障しているのか判断できない．よって，プロセス p_2 は，v と w のいずれの値に合意すべきか判断できない．この問題は，プロセス p_1, p_2, p_3 間でさらにメッセージ交換を行っても解決されない．よって，$n = 3$, $f = 1$ の条件ではビザンティン合意は達成されない．

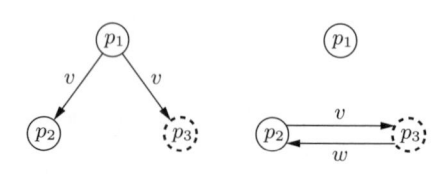

図 **7.7** ビザンティン合意条件
($n = 3$, $f = 1$)

（1） ビザンティン合意プロトコル　　複数プロセス $p_1, \cdots, p_n$ でのビザンティン合意プロトコルを，以下に示す．

1. 送信プロセス p_1 が，値 v に自身の識別子を付加したメッセージ $\langle v : p_1 \rangle$ をプロセス p_1 を除く $n - 1$ 個のプロセス $p_2, \cdots, p_n$ に送信する．これを第1相と呼ぶ．

2. プロセス p_1（第1相）からのメッセージを受信した受信プロセス p_i は，メッセージ $\langle v : p_1, p_i \rangle$ をプロセス p_1, p_i を除く $n - 2$ 個のプロセス p_2, $\cdots, p_{i-1}, p_{i+1}, \cdots, p_n$ に送信する．これを第2相と呼ぶ．

3. 各プロセス p_j は，第 2 相からのメッセージ $\langle v : p_1, p_i \rangle$ を p_1 と p_j 以外の $n-2$ 個のプロセス p_i から受信する．プロセス p_j は，メッセージ $\langle v : p_1, p_i, p_j \rangle$ をプロセス p_1, p_i, p_j を除く $n-3$ 個のプロセスに送信する．これが第 3 相である．

4. 同様のメッセージ交換を $f+1$ 相になるまで行う．ある相 h において，$h-1$ 相から受信するメッセージには，$h-1$ 個のプロセス識別子が含まれている．これを受信したプロセスは，自身の識別子を追加した後，$n-h$ 個のプロセスにメッセージを送信する．

5. $f+1$ 相では，各プロセスから得たメッセージに含まれる値の集合から majority 関数を用いて過半数の値を求め，これを合意値とする．

各 h 相において，メッセージを受信したプロセス p_i は，自身の識別子を追加してメッセージを送信する．これにより，各相でプロセス p_j がメッセージ m を受信したとき，m がこれまでにどのプロセスで交換されたかがわかる．プロセス p_j は，識別子をもとにメッセージ m をまだ交換していないプロセスに送信する．プロセス p_k は，一定時間経過してもプロセス p_j からメッセージを受信しない場合，値として v_0 を受信したものとする．ここで，majority(V) を値の集合 V を引数として，V 内の過半数の値を返す関数とする．majority 関数は，過半数の値がなければ v_0 を返す．

四つのプロセス p_1, p_2, p_3, p_4 の間でのビザンティン合意の例を図 **7.8** に示す．ここで，プロセス p_2 が故障する場合を考える．よって，$n=4$, $f=1$ である．第 1 相では，送信プロセス p_1 が値 v を送信する．第 2 相では，プロセス p_3, p_4 がビザンティン合意プロトコルの手順に従い v をそれぞれプロセス p_2 と

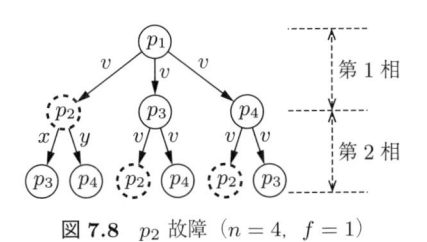

図 **7.8** p_2 故障（$n=4$, $f=1$）

p_4, p_2 と p_3 に送信する．故障プロセス p_2 は，値 x, y をおのおのプロセス p_3, p_4 に送信する．$f = 1$ であるため，第 2 相（$f + 1 = 2$ 相）終了時に，各プロセスは majority 関数を用いて合意値を決定する．ここで，正しいプロセス p_3, p_4 は，おのおのの値の集合として $\{v, x, v\}$ と $\{v, y, v\}$ を持つ．よって，正しいプロセス p_3, p_4 は，値 v に合意する．

送信プロセス p_1 が故障する例を図 7.9 に示す．プロセス p_1 は，プロセス p_2, p_3, p_4 のおのおのに v_1, v_2, v_3 の値を送信する．図 7.8 の例と同様に第 2 相終了時に，各プロセスは majority 関数を用いて合意値を決定する．このとき，プロセス p_2, p_3, p_4 はどれも集合 $\{v_1, v_2, v_3\}$ を受信しており，過半数の値が存在しない．このとき，正しいプロセスは，majority 関数であらかじめ定義されている，過半数の値が存在しない場合の合意値 v_0 に合意する．

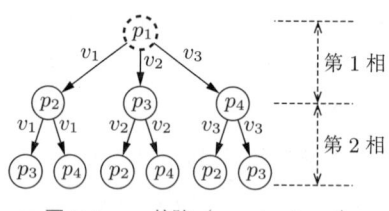

図 7.9　p_1 故障（$n = 4$, $f = 1$）

（2）ビザンティン合意プロトコルの性能　合意プロトコルの性能評価の尺度として，相数，メッセージ数，メッセージ長がある．

- **相数**：同時に故障するプロセスの最大数を f としたとき，$f + 1$ 相の処理が必要である．相数は，合意に至るまでの時間を示しているため，合意に至る時間は，$O(f)$ である．
- **メッセージ数**：第 h 相では，$(n-1)(n-2) \cdots (n-k)$ 個のメッセージが送信される．$f + 1$ 相で合意されるため，合意に至るまでに送信されるメッセージ数は，$(n-1)(n-2) \cdots (n-(k+1))$ である．よって，メッセージ数は $O(n^{f+1})$ である．
- **メッセージ長**：第 h 相で送信されるメッセージは，h 個のプロセス識別子を含む．$f+1$ 相で合意に至ることから，メッセージ長は，$O(f)$ である．

ビザンティン合意プロトコルは,メッセージ数が $O(n^{f+1})$ となる.よって,メッセージ数の観点から現実のシステムへの適用は困難である.

7.5.4 署名付きビザンティン合意

6 章で述べたディジタル署名[61]を用いた**署名付きビザンティン合意プロトコル**が提案されている[48].プロセス p_i がメッセージ m を送信するとき,メッセージ m にディジタル署名を付与する.プロセス p_j がメッセージ m を受信したとき,m の署名から m がプロセス p_i によって送信されたことがわかる.さらに,もし,プロセス p_j がメッセージ m を改変してプロセス p_k に送信すると,プロセス p_k は,m がプロセス p_j によって改変されたことがわかる.署名を用いることで,受信プロセスが,故障プロセスによる値の改変を検知できるようになる.署名付きビザンティン合意に関して,以下の結論が示されている.

定理 7.3 (署名付きビザンティン合意条件)

$n \geq f+2$ ならば,署名付きビザンティン合意プロトコルによりビザンティン合意が達成できる.

これは,署名を用いて障害プロセスを特定することにより,2 個以上の正しいプロセスが存在すれば,ビザンティン合意ができることを示している.

署名付きビザンティン合意プロトコル　　複数プロセス $p_1, \cdots, p_n$ での署名付きビザンティン合意プロトコルを,以下に示す.

1. 送信プロセス p_1 は,値 v を含むメッセージ m に署名して,プロセス p_2, $\cdots, p_n$ に送信する.
2. 値 v を含むメッセージを h 相で受信したプロセス p_i は,$h+1$ 相において,v を含んだメッセージに自身の署名をして,まだ署名を行っていないプロセスに送信する.同様のメッセージ交換を,$f+1$ 相になるまで繰り返す.

3. $f+1$ 相では，各プロセスから得たメッセージに含まれる値の集合に対して関数 choice を適用して，合意値を決定する．各プロセスは，同一の choice 関数を用いて合意値を決定する．choice 関数として，例えば，署名なしのビザンティン合意で用いた majority 関数を用いることもできる．

第 h 相で，プロセス p_i, p_k がプロセス p_j から値 v_j を受信したとする．ここで，プロセス p_k が p_j から受信した値を v_k に改変してプロセス p_i に送信したとする．$h+1$ 相で，プロセス p_i がプロセス p_k から v_k を受信したとき，以下のいずれかであることがわかる．

- プロセス p_k がプロセス p_j から受信した値 v_j を v_k に改変した．
- プロセス p_j がプロセス p_i, p_k にそれぞれ異なる値 v_j, v_k を送信した．

図 7.8 で，正しいプロセス p_3, p_4 は，故障プロセス p_2 からそれぞれ値 x, y を受信している．これは，プロセス p_3, p_4 がおのおのプロセス p_1 と p_4, p_1 と p_3 から受信した値 v と異なる．これにより，プロセス p_3, p_4 は，プロセス p_2 が故障プロセスであることがわかる．さらに，プロセス p_3 は，プロセス p_1 から受信した値 v をプロセス p_4 からも受信しているため，プロセス p_4 が正しいことがわかる．同様に，プロセス p_4 もプロセス p_3 が正しいことがわかる．結果として，正しいプロセス p_1, p_3, p_4 は，同一の値 v に合意できる．このように，署名付きビザンティン合意では，故障プロセスを特定することにより，$n \geq f+2$ の条件を満たせば合意が達成できる．しかし，署名付きビザンティン合意プロトコルも署名なしビザンティン合意プロトコルと同様に，メッセージ数が $O(n^{f+1})$ となる．

8 P2Pシステム

分散システムの中で，クライアント/サーバモデルがクラウドコンピューティングシステムなどで広く利用されてきている。もう一つの重要なモデルとして，P2P（peer-to-peer）モデルがある。P2Pモデルは，中央コントローラが存在せずに，構成要素のプロセス（ピアと呼ばれる）が自律的に他のプロセスと協調動作する完全分散型のモデルである。本章では，完全分散型という点に着目して，P2Pモデルについて考える。

8.1 P2Pモデル

現在の情報システムは，クライアントとサーバから構成されるクライアント/サーバモデルに基づいている。クライアントは，サーバにSQLなどのサービス要求を送信する。サーバは，サービス要求を受け取ったら必要な処理を行い，応答をクライアントに返す。例えば，クライアントからSQL検索文 select を受信したら，データベースサーバは select を実行し，検索結果をクライアントに送信する。このように，分散システム内の各プロセスは，データベースのような各サービスに対して，クライアントかサーバかのいずれかの役割を持つ。

これに対して，**P2P**モデルでは，各プロセスは，各サービスに対して，クライアントともサーバともなりうる。例えば，あるデータ d を保有しているプロセス p_i は，このデータ d についてサーバである。他のプロセス p_j がプロセス p_i にデータ d を要求するとき，プロセス p_j はクライアントである（**図 8.1** (a)）。

8. P2Pシステム

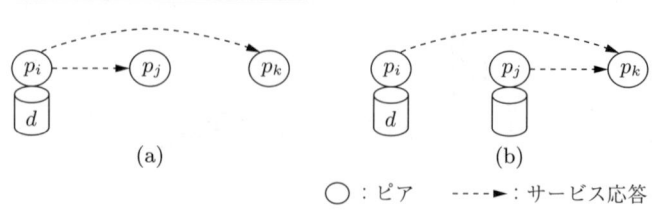

```
  p_i ----> p_j      p_k         p_i ----> p_j ----> p_k
   |                              |         |
   d                              d         d
       (a)                            (b)
```

○：ピア　　----▶：サービス応答

図 8.1　P2P モデル

データ d を受け取ったプロセス p_j が，このデータ d を他のプロセスに提供すると，プロセス p_j はサーバとなる（図 8.1 (b)）。ここで，他のプロセス p_k は，プロセス p_i からも p_j からもデータ d を得ることができる。このように，各プロセスは，クライアントにもサーバにもなれる。このことから，P2P モデルの分散システムでは，構成要素のプロセスは **対等**（peer）である。P2P モデルの分散システムの構成要素のプロセスを **ピア**（peer）プロセス（またはピア）という。

クライアント/サーバモデルに対して，P2P モデルは以下の特徴を持っている。

1. システム全体の状態を管理する中央コントローラが存在しない分散型のシステムである。
2. 各ピアは **自律的**（autonomous）である。

P2P モデルは，分散システム全体を管理するプロセスが存在しない。例えば，クライアント/サーバモデルでは，各コンピュータの IP アドレスや，どのようなデータを保有しているかといった情報は，インデックスなどに記憶されている。これにアクセスすることにより，システム内の各ピアの情報を得ることができる。一方，P2P モデルでは，各ピアは，システム内に存在する他のピアについての情報を，自分自身で取得しなければならない。このために，ネットワーク内で必要な情報があるとき，ピア p_i は，通信を行えるピア（知人ピアという）p_j に問合せを行う（**図 8.2**）。どれかの知人ピアがその情報を保有していれば，ピア p_i に答えを返す。どのピアも情報を保有していなければ，さらに各知人ピアの知人ピアに問合せを行う。このように，問合せ要求を，ネットワーク内に **拡散**（flood）[64],[65] させていくことにより，必要な情報を得なければならない。このほかに，システム内のピアをリング状に論理的に結合し，ハッシン

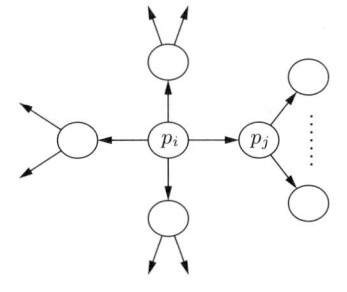

図 8.2 知人ピア

グ手法を用いて目標のピアを見つけようとする DHT（distributed hash table）手法[66]も用いられている。

各ピアが自律的であるとは，自分自身が行う動作を自分自身で決められることを意味する．このため，ピアのシステムからの離脱・加入が任意に行われることになる．すなわち，システムを構成するピアが動的に変化する．システムがどのようなピアから構成されているかを管理することを，メンバシップ（membership）管理という．

P2P モデルに基づいた分散システムを，**P2P システム**とする．各ピア p_i の**知人ピア**（acquaintance peer）p_j とは，ピア p_i が直接に通信を行えるピアである．ピア p_i はピア p_j の番地（IP アドレス）を知っていると同時に，ピア p_j がピア p_i と通信することを了承していなければならない．P2P モデルでは，各ピア p_i に対して，分散システムの一部のピアのみが p_i の知人ピアである．問合せの拡散で述べたように，知人ピア以外のピアについての情報は，各知人ピアを通じてその知人ピアに問い合わせることにより得ていく必要がある．

ピア p_i は，データベースシステムなどの計算資源を保有している．計算資源のことを**オブジェクト**（object）と呼ぶ．各オブジェクト o は，データと操作演算（operation）を**カプセル化**（encapsulation）したものである．すなわち，利用者は，オブジェクト o を，これが提供する演算を通じてのみ利用できる．6 章で述べてきたように，オブジェクト o を演算 op により操作するためには，**アクセス権**（access right）（**パーミッション**（permission）ともいう）

⟨o, op⟩ が付与（grant）されている必要がある．アクセス権 ⟨o, op⟩ を付与された利用者（subject）のみが，オブジェクト o を操作演算 op によって操作できる．与えられたアクセス権を他の利用者に付与できる権限付与方式を，**自由裁量**（discretionary）**方式**という．

P2P モデルでは，各ピアがどのようなオブジェクトを保有しているかだけでなく，ピアがオブジェクトに対してなにができるかを考えることが重要となる．ピアとオブジェクト o の関係について考える．

1. ピアは，オブジェクト o の所有者（owner）である．所有ピアはオブジェクト o についてのすべてのアクセス権を持っている．
2. ピアは，オブジェクト o を保有している．このピアを，オブジェクト o の保有ピア（holder）という．
3. ピアは，オブジェクト o の操作演算 op に対するアクセス権 ⟨o, op⟩ を付与されている．これを，権限付与されたピアとする．
4. ピアは，オブジェクト o の操作演算 op に対するアクセス権 ⟨o, op⟩ を他のピアに付与できる．これを，アクセス権 ⟨o, op⟩ の権限付与ピア（authorizer）とする．
5. ピアは，アクセス権 ⟨o, op⟩ を付与されていて，他のピアからアクセス要求 ⟨o, op⟩ を受信したとき，オブジェクト o にアクセスする．これを，アクセス要求 ⟨o, op⟩ の代行ピア（surrogate）とする．

8.2 信用可能性

P2P システムでは，各ピア p_i は，システム内のオブジェクト o についての情報を，知人ピアを通じて入手する必要がある．ピア p_i は，知人ピア p_j に，目標オブジェクト o に関する情報を持っているか問い合わせる．知人ピア p_j が情報を保有していれば，情報をピア p_i に返す．保有していなければ，ピア p_i の知人ピアに問合せを送信する．このように，問合せが P2P システム内で拡散し

ていく.ここで,ピア p_i がオブジェクト o の情報を知人ピア p_j から受信したとする.このとき,ピア p_j の情報は最新でないこともあるし,さらに,ピア p_j が故障していることもある.このことから,ピア p_i が,知人ピア p_j をどの程度信用 (trust) できるかが問題となる.

8.2.1 主観的信用可能性

ピア p_i が,知人ピア p_j をどの程度信用できるかの指標を,p_i から見た p_j の**信用可能性** (trustworthiness) ST_{ij} という.信用可能性には,以下の2種類がある.

1. **主観的信用可能性** (subjective trustworthiness)
2. **客観的信用可能性** (objective trustworthiness)

主観的信用可能性 ST_{ij} は,ピア p_i が知人ピア p_j と直接交信することにより得られる(図 **8.3**).一方,客観的信用可能性 OT_{ij} は,知人ピア p_j についての他のピア p_k の主観的信用可能性 ST_{kj} より得られる.例えば,集められた主観的信用可能性の平均値を,客観的信用可能性 OT_{ij} とすることが考えられる.

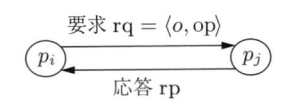

要求 rq = $\langle o, \text{op} \rangle$
p_i $\longrightarrow$ p_j
応答 rp

図 **8.3** 主観的信用可能性 ST_{ij}

まず,ピア p_i の知人ピア p_j に対する主観的信用可能性 ST_{ij} について考える.ここでは,ピア p_i が,知人ピア p_j にオブジェクト o に対するアクセス要求 $\langle o, \text{op} \rangle$ を送ったとする.ここで,p_i を要求ピア,p_j を目標ピアとする.アクセス要求 rq = $\langle o, \text{op} \rangle$ を受信した目標ピア p_j は,アクセス権 $\langle o, \text{op} \rangle$ を権限付与されているならば,操作演算 op をオブジェクト o に対して実行する.アクセス権がなければ,ピア p_j はさらに自分の知人ピアにアクセス要求 rq = $\langle o, \text{op} \rangle$ を転送 (forward) していく.アクセス要求 rq = $\langle o, \text{op} \rangle$ を受信して処理を行えるならば,ピアは応答 rp を要求ピアに返す.アクセス要求ピア p_i は,最終的に目標ピア p_j から応答 rp を受け取る.受け取った応答 rp が条件を満

足していれば，ピア p_i は知人ピア p_j をより信用すると考える．例えば，SQL の select 要求を考える．select 要求を受け取ると，目標ピア p_j は SQL 検索を実行し，検索結果を返せば，要求ピア p_i は満足する．ここで，各アクセス要求 rq $= \langle o, \mathrm{op} \rangle$ に対して，応答 rp がアクセス要求 rq を満足できれば，満足度 $\sigma_{ij}(\mathrm{rq}) = 1$ とする．そうでなければ，満足度 $\sigma_{ij}(\mathrm{rq}) = 0$ とする．

ピア p_i の知人ピア p_j の主観的信用可能性 ST_{ij} は，ピア p_i, p_j 間での要求・応答交信により得ることのできる満足度 σ_{ij} の集合から求める．ここで，ピア p_i は，知人ピア p_j に m 個の要求 $\mathrm{rq}_1, \cdots, \mathrm{rq}_m$ を順に送り，応答を得たとする．すなわち，各アクセス要求 rq_h に対して，満足度 $\sigma_{ij}(\mathrm{rq}_h)$ を得たとする．このとき，主観的信用可能性 ST_{ij} は，以下のように満足度の平均値とすることが考えられる．

$$\mathrm{ST}_{ij} = \frac{\sum_{h=1,\cdots,m} \sigma_{ij}(\mathrm{rq}_h)}{m} \tag{8.1}$$

主観的信用可能性 ST_{ij} の実際の計算方法について考えてみる．ピア p_i の p_j への信用可能性を示す変数を ST_{ij} とする．初期値は 0 である．変数 m を，ピア p_i が知人ピア p_j にこれまでに送信したアクセス要求数とする．初期値は 0 である．ピア p_i がアクセス要求 rq を知人ピア p_j に送り応答を受信したとする．変数 s_{ij} は，このときの満足度 $\sigma_{ij}(\mathrm{rq})$ を示すとする．このとき，主観的信用可能性は，以下のように計算できる．

$$\mathrm{ST}_{ij} = \frac{m \cdot \mathrm{ST}_{ij} + s_{ij}}{m+1} \tag{8.2}$$

変数 m は 1 加算される（$m = m + 1$）．

ピア p_i が知人ピア p_j とより多くの要求・応答交信を行うと，主観的信用可能性 ST_{ij} は変化しなくなってくる．式 (8.2) では，m が大きいと，いま得られた満足度 s_{ij} の値は $m \cdot \mathrm{ST}_{ij}$ に対して無視できるほど小さくなるからである．このように，知人ピア p_j の最新のアクセス要求 rq に対する満足度 $\sigma_{ij}(\mathrm{rq})$ が，現在の主観的信用可能性 ST_{ij} と大きく異なっていたとしても，これまでの更

8.2 信用可能性

新回数 m が大きいと，信用可能性はわずかしか変化しない．より最近の満足度を主観的信用可能性 ST_{ij} により反映させるために，以下の式により主観的信用可能性 ST_{ij} を求める．

$$\mathrm{ST}_{ij} = \frac{m \cdot \mathrm{ST}_{ij} + \alpha \cdot s_{ij}}{m + \alpha} \tag{8.3}$$

$$m = m + \alpha \tag{8.4}$$

$\alpha = 1$ ならば，式 (8.3) は平均値による式 (8.2) と同じになる．$\alpha > 1$ ならば，より過去に得られた信用可能性よりも，より新しく得られた満足度が重要になる．例えば，これまで信用可能性が低くても，今回のアクセス要求に対して大きな満足度が得られれば，主観的信用可能性は大きくなる．人間関係で考えれば，これまでの人間関係よりも現在の結果を大切にすることに対応している．一方，$\alpha < 1$ ならば，現在の満足度よりも，過去に得られてきた主観的信用可能性がより重要になる．例えば，これまで信用可能性が高くても，今回のアクセス要求に対して小さな満足度を得られれば，主観的信用可能性は小さくなる．人間関係で見てみると，長い人間関係を大切にすることに対応している．

ピア p_i のアクセス要求 rq に対して，p_i を満足させる応答を知人ピア p_j が得られないとする．ここで，ピア p_j は，自分の知人ピアの中で，アクセス要求に対する応答を得ることができると思われるピア p_k を知っているとする．すると，知人ピア p_j は，ピア p_k をピア p_i に**紹介**する（図 **8.4**）．ピア p_i は，アクセス要求 rq をピア p_k に送信し，応答を得たとする．ここで，ピア p_k の主観的信用可能性 ST_{ik} は，これまでに議論したように定まる．加えて，知人ピア p_j の主観的信用可能性 ST_{ij} も変化する．ピア p_k から満足できる応答を得

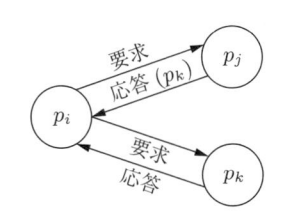

図 **8.4** 主観的信用可能性 ST_{ij}

られれば，主観的信用可能性 ST_{ik} が増加するとともに，ピア p_k をピア p_i に紹介してピア p_j の主観的信用可能性 ST_{ij} も増加する。満足できる応答を得ることができなければ，逆に，知人ピア p_j の主観的信用可能性 ST_{ij} は減少することになる。式 (8.2) で，ピア p_k から得られた満足度 s_{ik} を用いて，主観的信用可能性 ST_{ik} を求めることができる。さらに，ピア p_j に対する主観的信用可能性 ST_{ij} も，次式により変化する。

$$ST_{ij} = \frac{m \cdot ST_{ij} + \beta \cdot s_{ik}}{m + \beta} \tag{8.5}$$

変数 m は $m + \beta$ となる。β が大きければ，紹介されたピア p_k の満足度 s_{jk} が，より主観的信用可能性 ST_{ij} に影響を与えることとなる。

8.2.2 客観的信用可能性

ピア p_i と知人ピア p_j を考える。ピア p_i の知人 p_j についての**客観的信用可能性** OT_{ij} は，ピア p_j を他のピアがどの程度信用しているかを示している。すなわち，知人ピアの**評判**（reputation）である。ピア p_j の知人ピアの集合を $A(p_j)$ とする（図 **8.5**）。このとき，客観的信用可能性 OT_{ij} は，以下のようにピア p_j の知人ピアの中で p_i 以外のピア p_h の主観的信用可能性 ST_{hj} の平均値として与えられる。

$$OT_{ij} = \frac{\sum_{p_h \in (A(p_j) - \{p_i\})} ST_{hj}}{|A(p_j) - \{p_i\}|} \tag{8.6}$$

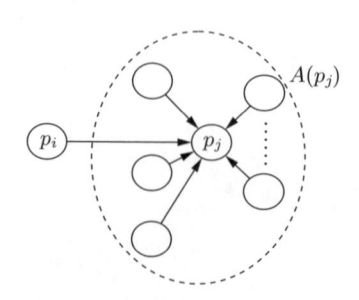

図 **8.5** 客観的信用可能性 OT_{ij}

客観的信用可能性 OT_{ij} は，目標の知人ピア p_j の各知人ピア p_h がどの程度 p_j を信用するかの平均値となっている．目標知人ピア p_j の知人ピアの中には，ピア p_i が信用できない，または信用できるかわからないピアが含まれている．このため，目標知人ピア p_j の知人ピアの中で，ピア p_i の知人ピアであるもののみを考える（図 **8.6**）．人間社会で考えると，ある人 p_j についての評判を考えるときに，自分の知っている人の p_j に対する評価のみを考えることに当たる．すなわち，自分の知らない人による評価は考慮しない．この考え方に基づいた客観的信用可能性 OT_{ij} は，次式により求められる．ただし，集合 CA_{ij} をピア p_i, p_j の共通の知人ピア集合とする．すなわち，$\mathrm{CA}_{ij} = \{\, p_h \mid p_h \in (A(p_j) \cap A(p_i)) \land p_h \neq p_i \land p_h \neq p_j \,\}$ である．

$$\mathrm{OT}_{ij} = \frac{\sum_{p_h \in \mathrm{CA}_{ij}} \mathrm{ST}_{hj}}{|\mathrm{CA}_{ij}|} \tag{8.7}$$

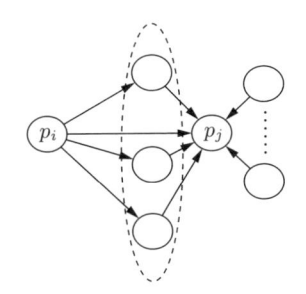

図 8.6 客観的信用可能性 OT_{ij} （式 (8.7)）

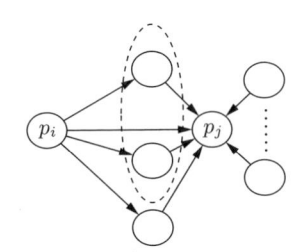

図 8.7 客観的信用可能性 OT_{ij} （式 (8.8)）

ピア p_j の知人ピアの中には，ピア p_i が信用できるピアもあれば，信用できないピアもある．このため，ピア p_i の知人ピアの中で信用できる知人ピア p_h の主観的信用可能性 ST_{hj} のみを考える（図 **8.7**，式 (8.8)）．ここでは，ピア p_i の各知人ピア p_h に対して，主観的信用可能性 ST_{ih} が一定値 CST_i 以上であるとき，ピア p_i は知人ピア p_h を信用できるとする．ここで，集合 TCA_{ij} を，ピア p_i, p_j の共通の知人ピアの中で，ピア p_i が信用できる知人ピアの集合とする．すなわち，$\mathrm{TCA}_{ij} = \{\, p_h \mid p_h \in \mathrm{CA}_{ij} \land \mathrm{ST}_{ih} \geq \mathrm{CST}_i \,\}$ である．

$$\mathrm{OT}_{ij} = \frac{\sum_{p_h \in \mathrm{TCA}_{ij}} \mathrm{ST}_{hj}}{|\mathrm{TCA}_{ij}|} \tag{8.8}$$

8.2.3 自　信　度

ピア p_i とその知人ピア p_j を考える．主観的信用可能性 ST_{ij} と客観的信用可能性 OT_{ij} の差が小さいときは問題ないが，これらが大きく異なっているときを考える．例えば，個人的には信用できると考えているが，他人からは信用されていない知人をどう考えるかである．ここで，ピア p_i の知人ピア p_j についての**自信度**（confidence）CF_{ij} を考える．自信度 CF_{ij} は，ピア p_i が，主観的信用可能性 ST_{ij} に対してどの程度の自信を持っているかを示す．自信度 CF_{ij} は，以下のように定まる．

1. ピア p_i が知人ピア p_j と，より長い時間交信を行っているとき，自信度 CF_{ij} は大きくなる．
2. ピア p_i が知人ピア p_j と，より頻繁に交信が行っているとき，自信度 CF_{ij} は大きくなる．
3. ピア p_i と知人ピア p_j の交信ごとに得られる満足度 σ_{ij} の変化が小さいとき，自信度 CF_{ij} は大きくなる．

自信度 CF_{ij} が一定値 F_i より大きいときに，ピア p_i は主観的信用可能性 ST_{ij} に自信を持っているとする．自信度 CF_{ij} をもとにして，知人ピア p_j の信用可能性 T_{ij} は以下のように定まる．

$$T_{ij} = \begin{cases} \mathrm{ST}_{ij} & \mathrm{CF}_{ij} \geq F_i \text{ の場合} \\ \mathrm{OT}_{ij} & \mathrm{CF}_{ij} < F_i \text{ の場合} \end{cases} \tag{8.9}$$

自信度 CF_{ij} が一定値 F_i 以上ならば，主観的信用可能性 ST_{ij} が信用可能性 T_{ij} として使われる．そうでなければ，客観的信用可能性 OT_{ij} が使われる．

8.3 エコ分散システムのモデル

P2P（peer-to-peer）システムは，その高い拡張性から，大規模分散システムを構築するための情報システム基盤として利用されている．一方で，システムの大規模化や利用者数の増大に伴う消費電力量の増大が，環境保護上重要な問題になってきており，情報システムの省電力化が重要な課題となっている．情報システムの省電力化を検討する上では，ピア（アプリケーションプロセス）が実行されるコンピュータの消費電力特性を把握することがまず重要である．CPU に代表されるハードウェアの省電力化は，AMD[67] やインテル[68] などのベンダ各社で研究・開発が進み，省電力製品が提供されている．一方で，ピアが実行されるコンピュータの消費電力は，コンピュータの持つハードウェアデバイスだけでなく，コンピュータ上で実行されるピアの数とピアが提供するサービスの種類に依存する．このため，コンピュータ内の個々のハードウェアデバイスの消費電力特性が明確になったとしても，これらのハードウェアの消費電力特性のみを用いて，ピアが動作するコンピュータ全体の消費電力を推定することは困難である．文献69)～72) では，科学技術計算などを目的として計算資源（CPU）をおもに使用したサービスを提供するピア（**計算ピア**）がコンピュータ上で実行される場合の消費電力モデルを定義している．また，文献73) では，ファイルサーバなどの用途を目的とし，データ転送のために使用される通信資源をおもに使用するサービスを提供するピア（**通信ピア**）に関する同様のモデルを定義している．さらに，文献74) では，ウェブアプリケーションのように，計算資源と通信資源の両方を使用したサービスを提供するピア（**一般ピア**）に関する同様のモデルを定義している．本節では，計算ピアが実行される場合のコンピュータの消費電力モデルについて述べる．

8.3.1 消費電力測定実験結果

表 8.1 に消費電力測定に用いた 2 台のコンピュータ s_1, s_2 の仕様を示す．ピアは，C 言語で実装された計算ピアである．各ピアは，平方根を計算する関

150   8. P2Pシステム

表 8.1 実験コンピュータ s_1, s_2 の仕様

サーバ	s_1	s_2
CPU	Opteron 175（2.2 GHz）× 1	AMD Athlon 1648B（2.7 GHz）× 1
コア	2 コア（コア 1 とコア 2）	1 コア
メモリ	4 GB	4 GB
HDD	80 GB × 2（RAID1）	150 GB × 1
OS	CentOS 5.4	CentOS 5.4

数を 23 000 回実行する．このとき，コンピュータ s_1 上で一つのピアのみが実行される場合の平均実行時間が 1 秒である．一方で，コンピュータ s_2 上で同一のピアが一つのみ実行された場合の平均実行時間は 1.3 秒である．コンピュータ s_1 および s_2 上で m 個（$m \leq 130$）のピア $p_1, \cdots, p_m$ が同時実行された場合の実行時間（elapse time）〔s〕（m 個のプログラムの実行が完了するまでの時間）と消費電力レート〔W〕を測定する．m 個のピアは，フォークにより生成され，各ピアは一定時刻に開始される．このとき，コンピュータ s_1 および s_2 の CPU のクロック周波数は，それぞれ 2.2 GHz と 2.7 GHz で固定する．コンピュータ s_1 内の冷却用ファンについては，以下の EXP_F および EXP_NF の 2 種類の設定で実験を実施する．コンピュータ s_2 については，EXP_NF の設定でのみ実験を実施する．

1. EXP_F：コンピュータ内の冷却用ファンの回転数制御機能を有効にして実験を実施する．
2. EXP_NF：コンピュータ内の冷却用ファンの回転数制御機能を無効（最小回転数で固定）にして実験を実施する．

図 8.8 は，コンピュータ s_1 上で m 個のピアを同時実行した場合の実行時間〔s〕を示す．同時実行ピア数 m が増えれば，実行時間が長くなる．ここで，$\text{EL}_\text{F}(m)$ および $\text{EL}_\text{NF}(m)$ は，EXP_F および EXP_NF の 2 種類の実験で同時実行ピア数を m 個としたときの実行時間を示す．$m = 1$ のとき，$\text{EL}_\text{F}(1) = 1.03\,\text{s}$，$\text{EL}_\text{NF}(1) = 1.04\,\text{s}$ である．$m = 2$ のとき，$\text{EL}_\text{F}(2) = 1.07\,\text{s}$，$\text{EL}_\text{NF}(2) = 1.02\,\text{s}$ である．一方で，$m > 2$ では，最小 2 乗法を用いた近似直線で $\text{EL}_\text{F}(m) = \text{EL}_\text{NF}(m) = 0.5 \times m$〔s〕となる．すなわち，同時実行ピア数 m が CPU の

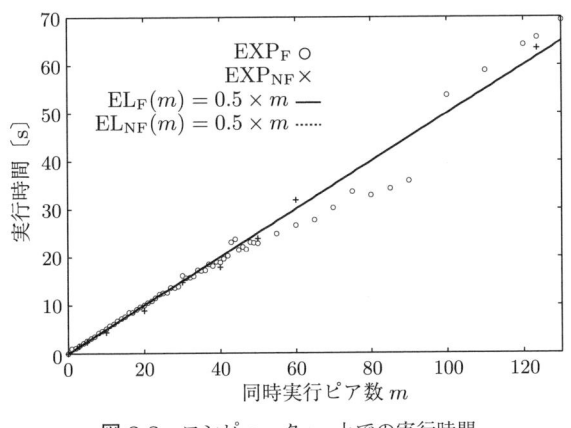

図 8.8 コンピュータ s_1 上での実行時間

持つコア数以下であれば，各ピアの実行時間は，s_1 上での最小実行時間である 1 s となり，CPU の持つコア数以上となる場合は実行時間が線形増加する．

図 8.9 は，コンピュータ s_2 上で m 個のピアを同時実行した場合の実行時間 〔s〕を示す．$m = 1$ のとき，$\mathrm{EL_{NF}}(1) = 1.3\,\mathrm{s}$ である．一方で，$m > 1$ では，最小 2 乗法を用いた近似直線で $\mathrm{EL_{NF}}(m) = 1.3 \times m$ 〔s〕となる．すなわち，コンピュータ s_2 でも同時実行ピア数 m が CPU の持つコア数以下であれば，ピアの実行時間は，s_2 上での最小実行時間である 1.3 s となり，CPU の持つコア

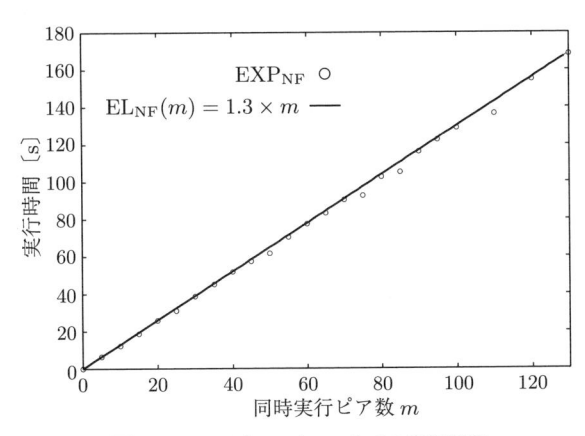

図 8.9 コンピュータ s_2 上での実行時間

数以上となる場合は実行時間が線形増加する．

図 **8.10** は，m 個のピアを同時実行した場合のコンピュータ s_1 の消費電力レート〔W〕を示す．ここで，$\mathrm{Pow}_\mathrm{F}(m)$ および $\mathrm{Pow}_\mathrm{NF}(m)$ は，EXP_F および EXP_NF の 2 種類の実験で同時実行ピア数を m 個としたときのコンピュータ s_1 の消費電力レート〔W〕の近似式である（式 (8.10) および (8.11) 参照）．実験 EXP_NF では，$m=0$ のとき，消費電力レートは最小値 97 W となる．$m \geqq 1$ のとき，消費電力レートは 175 W となる．一方で，実験 EXP_F では，$m > 70$ のとき，消費電力レートは最大値 224 W となる．$1 \leqq m \leqq 70$ のとき，消費電力レートは近似式 (8.10) で示すように線形増加する．$m=0$ のとき，消費電力レートは最小値 97 W となる．すなわち，冷却用ファンの回転数制御機能が無効の場合，少なくとも一つのピアが実行されると，コンピュータの消費電力レートは 175 W となる．これは，冷却用ファンの回転数が最小状態でピアを実行した場合の消費電力レートである．一方で，冷却用ファンの回転数制御機能を有効にした場合，同時実行ピア数の増加に伴い，実行時間が増加する．これにより，コンピュータ内のハードウェアやケース内温度が上昇する．冷却用ファンの回転数制御機能を有効にした場合，ハードウェアやケース内温度の調整のためにファンの回転数が増加することで，コンピュータ s_1 の消費電力レー

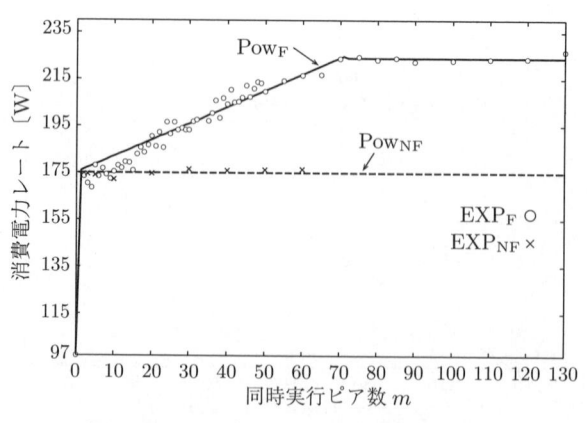

図 **8.10** コンピュータ s_1 の消費電力レート

トは増加する．コンピュータ s_1 では，ピア数が $1 \leq m \leq 70$ のとき，消費電力レートは 175 W から 224 W まで線形増加する（式 (8.10) 参照）．ピア数が 70 を超えると，ファンの回転数が最大値となるため，s_1 の消費電力レートはピア数にかかわらず 224 W で一定となる．

$$\mathrm{Pow_F}(m) = \begin{cases} 224 & m > 70 \text{ の場合} \\ 0.7 \times m + 175 & 1 \leq m \leq 70 \text{ の場合} \\ 97 & m = 0 \text{ の場合} \end{cases} \tag{8.10}$$

$$\mathrm{Pow_{NF}}(m) = \begin{cases} 175 & m \geq 1 \text{ の場合} \\ 97 & m = 0 \text{ の場合} \end{cases} \tag{8.11}$$

図 8.11 は，m 個のピアを同時実行した場合のコンピュータ s_2 の消費電力レート〔W〕を示している．コンピュータ s_2 では，実験 $\mathrm{EXP_{NF}}$ のみを実施した．$m = 0$ のとき，消費電力レートは最小値 105 W となる．$m \geq 1$ のとき消費電力レートは 142 W となる（式 (8.12) 参照）．すなわち，冷却用ファンの回転数制御機能が無効の場合，少なくとも一つのピアが実行されると，コンピュータの消費電力レートは 142 W となる．

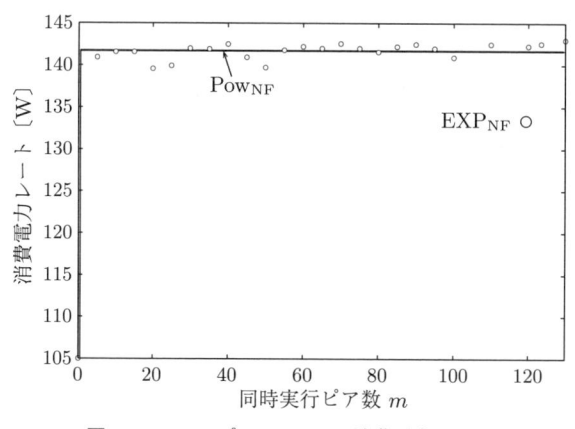

図 8.11 コンピュータ s_2 の消費電力レート

$$\mathrm{Pow}_{\mathrm{NF}}(m) = \begin{cases} 142 & m \geq 1 \text{ の場合} \\ 105 & m = 0 \text{ の場合} \end{cases} \tag{8.12}$$

8.3.2 計算ピアの消費電力モデル

本項では，計算ピアを実行する場合のコンピュータの計算モデルと消費電力モデルについて述べる。

（1） 単純計算モデル　文献69)〜72) では，8.3.1 項で示した実験結果から，計算ピアを実行する場合のコンピュータの計算モデルとして，**単純計算モデル**（simple computation model; SC model）を定義している。システム内のコンピュータ $s_1, \cdots, s_n$ $(n \geq 2)$ の集合 S を考える。各コンピュータ s_t は，一つのマルチコア CPU を持つと仮定する。nc_t をコンピュータ s_t の持つ CPU のコア数とする。時刻 τ においてコンピュータ s_t 上で実行されているピアの集合を $\mathrm{CP}_t(\tau)$ とする。また，時刻 τ においてコンピュータ s_t 上で実行されているピア数を $\mathrm{NC}_t(\tau)$ とする。すなわち，$\mathrm{NC}_t(\tau) = |\mathrm{CP}_t(\tau)|$ となる。コンピュータ s_t 上で実行されるピア p_{ti} に対して，以下を定義する。

- $\min T_{ti}$：コンピュータ s_t 上でピア p_{ti} が排他的に実行された，すなわちピア p_{ti} のみが実行された場合の実行時間〔s〕。
- $\min T_i = \min(\min T_{1i}, \cdots, \min T_{ni})$ 〔s〕。すなわち，集合 S 内で計算速度が最速のコンピュータ上でピア p_i が排他的に実行された場合の実行時間〔s〕である。

8.3.1 項の実験結果から，コンピュータ s_t 上で同時実行されるピア数が増加すると，s_t 上で実行される各ピアの実行時間が長くなる。$\alpha_t(\tau)$ を時刻 τ におけるコンピュータ s_t の計算劣化割合（computation degradation ratio）とする（$0 \leq \alpha_t(\tau) \leq 1$）。もし，$\mathrm{NC}_t(\tau_1) \geq \mathrm{NC}_t(\tau_2)$ ならば，$\alpha_t(\tau_1) \leq \alpha_t(\tau_2)$ となる。もし，$\mathrm{NC}_t(\tau) \leq 1$ ならば，$\alpha_t(\tau) = 1$ となる。文献69)〜72) では，ε_t をコンピュータ s_t の計算劣化レートとし，$\alpha_t(\tau) = \varepsilon_t^{\mathrm{NC}_t(\tau)-1}$ と仮定している（$0 \leq \varepsilon_t \leq 1$）。もし，$\varepsilon_t = 1$ ならば，実行時間は同時実行ピア数 $\mathrm{NC}_t(\tau)$ に対して線形増加する。

8.3 エコ分散システムのモデル

時刻 τ において，コンピュータ s_t 上のピア p_{ti} に与えられる計算レートを $f_{ti}(\tau)$ とする．ピア p_{ti} の計算レート $f_{ti}(\tau)$ は，以下の式で定義される．

$$f_{ti}(\tau) = \begin{cases} \dfrac{\min T_i}{\min T_{ti}} & \mathrm{NC}_t(\tau) \leq \mathrm{nc}_t \text{ の場合} \\ \alpha_t(\tau) \cdot \dfrac{\min T_i}{\min T_{ti}} \cdot \dfrac{\mathrm{nc}_t}{\mathrm{NC}_t(\tau)} & \text{それ以外の場合} \end{cases} \quad (8.13)$$

もし，ピア p_{ti} がコンピュータ s_t 上で排他的に実行されるならば，$f_{ti}(\tau) = \min T_i / \min T_{ti} \, (\leq 1)$ となる．$\min T_i / \min T_{ti}$ は，コンピュータ s_t の一つの CPU コア上でピア p_{ti} が排他的に実行された場合の最大計算レート $\max f_{ti}$ を示す（$0 \leq f_{ti}(\tau) \leq \max f_{ti} \leq 1$）．$\mathrm{Max}\, f_t$ をコンピュータ s_t の最大計算レートとする．このとき，$\min T_i / \min T_{ti} = \max f_{ti} = \mathrm{Max}\, f_t$ となる．よって，時刻 τ で同時実行されるピア数 $\mathrm{NC}_t(\tau)$ がコンピュータ s_t の持つ CPU コア数 nc_t 以下である場合，$f_{ti}(\tau) = \mathrm{Max}\, f_t$ となる．すなわち，各ピアは s_t の最大計算レートで実行される．時刻 τ で同時実行されるピア数 $\mathrm{NC}_t(\tau)$ が s_t の持つ CPU コア数 nc_t よりも大きい場合，$f_{ti}(\tau) = \alpha_t(\tau) \cdot \mathrm{Max}\, f_t \cdot \mathrm{nc}_t / \mathrm{NC}_t(\tau)$ となる．$\alpha_t(\tau) \cdot \mathrm{Max}\, f_t$ は，時刻 τ におけるコンピュータ s_t の有効計算レート（effective computation rate）を示す．一方で，$(1 - \alpha_t(\tau)) \cdot \mathrm{Max}\, f_t$ は，コンテキストスイッチ（context switch）などのオーバヘッドを示す．つまり，$\mathrm{NC}_t(\tau) > \mathrm{nc}_t$ の場合，ピア数およびオーバヘッドの増大に伴い，各ピアに割り当てられる計算レートは減少する．これに伴い，ピアの実行時間が長くなる．また，コンピュータ内の計算資源が同時実行されるすべてのピアに均等に割り当てられると仮定する．さらに，コンピュータ s_t がマルチコア CPU を持つならば，ピアは各コアに均等に割り当てられる．ここで，単純計算（SC）モデルは，以下のように定義される．

定義 8.1 （単純計算（SC）モデル）

コンピュータ s_t 上で実行されるすべての異なるピア p_i, p_j の組に対して，$\max f_{ti} = \max f_{tj} = \mathrm{Max}\, f_t$ となる．

すなわち，単純計算（SC）モデルは，どのピアも s_t 上で排他的に実行されるならば，コンピュータ s_t の最大計算レートで実行されることを示す。

（**2**）**消費電力モデル**　文献69)～72) では，8.3.1 項で示した実験結果から，計算ピアを実行する場合のコンピュータの消費電力モデルとして，**単純電力消費モデル**（simple power consumption model; SPC model）と**拡張単純電力消費モデル**（extended simple power consumption model; ESPC model）を定義している。$\max E_t$ と $\min E_t$ をコンピュータ s_t $(t = 1, \cdots, n)$ の最大および最小消費電力レート〔W〕とする。$E_t(\tau)$ を時刻 τ におけるコンピュータ s_t の消費電力レート〔W〕とする。ここで，$\min E_t \leq E_t(\tau) \leq \max E_t$ である。NFE_t $(\leq \max E_t)$ をコンピュータ s_t 内の冷却用ファンの回転速度が最小の場合の消費電力レート〔W〕とする。単純電力消費（SPC）モデル[69],[70]は，コンピュータ内の冷却用ファンの回転速度が一定であることを前提としている。単純電力消費（SPC）モデルは，以下のように定義される。

定義 8.2　（単純電力消費（SPC）モデル）

$$E_t(\tau) = \begin{cases} \mathrm{NFE}_t & \mathrm{NC}_t(\tau) \geq 1 \text{ の場合} \\ \min E_t & \text{その他の場合} \end{cases} \tag{8.14}$$

単純電力消費モデルでは，式 (8.14) および図 **8.12** に示しているように，時刻 τ において少なくとも一つ以上のピアが実行されるならば，コンピュータ s_t の消費電力レートは，NFE_t となる $(E_t(\tau) = \mathrm{NFE}_t)$。一つのピアも実行されていなければ，消費電力レートは最小となる $(E_t(\tau) = \min E_t)$。

一方で，8.3.1 項で示した実験結果で示されたように，コンピュータ内の冷却用ファンの回転数制御機能を有効にした場合，コンピュータの消費電力レートは，冷却用ファンの回転速度に依存する。冷却用ファンの回転速度を考慮した消費電力モデルとして，拡張単純電力消費モデル[71],[72] が提案されている。拡張単純電力消費（ESPC）モデルは，以下のように定義される。

8.3 エコ分散システムのモデル

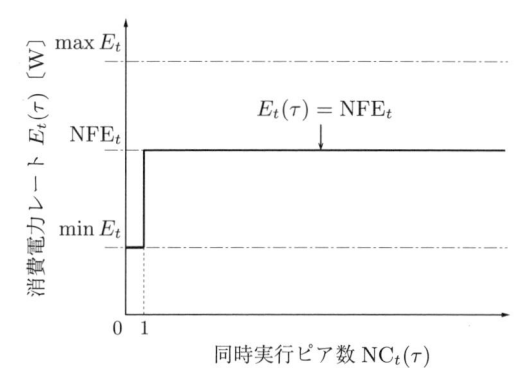

図 8.12 単純電力消費（SPC）モデル

定義 8.3 （拡張単純電力消費（ESPC）モデル）

$$E_t(\tau) = \begin{cases} \max E_t & \text{NC}_t(\tau) \geq M_t \text{ の場合} \\ \rho_t \cdot (\text{NC}_t(\tau) - 1) + \text{NFE}_t & 1 \leq \text{NC}_t(\tau) < M_t \text{ の場合} \\ \min E_t & \text{その他の場合} \end{cases} \quad (8.15)$$

ρ_t は，コンピュータ s_t の消費電力レートの増加率を示している．もし，$\text{NC}_t(\tau) > 1$ ならば，$\rho_t \geq 0$ である（**図 8.13** 参照）．また，もし，$\text{NC}_t(\tau) = 1$ ならば $\rho_t = 0$ である．拡張単純電力消費モデルでは，式 (8.15) および図 8.13 に示し

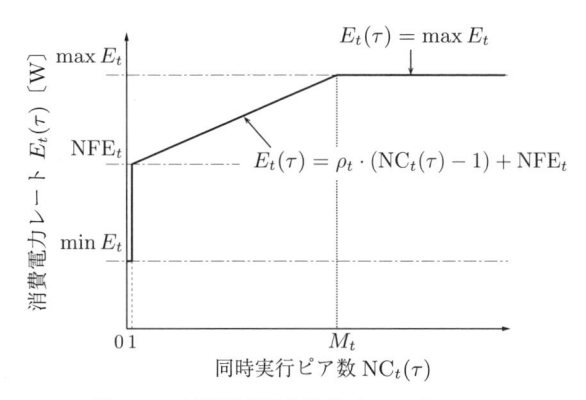

図 8.13 拡張単純電力消費（ESPC）モデル

ているように，$\mathrm{NC}_t(\tau) = 0$ ならば，コンピュータ s_t の消費電力レートは最小となる（$E_t(\tau) = \min E_t$）。M_t は，コンピュータ s_t の消費電力レートが最大となるピア数の最小値である．もし，$\mathrm{NC}_t(\tau) \geq M_t$ ならば，コンピュータ s_t の消費電力レートは最大となる（$E_t(\tau) = \max E_t$）．もし，$1 \leq \mathrm{NC}_t(\tau) < M_t$ ならば，コンピュータ s_t の消費電力レートは，同時実行されるピア数 $\mathrm{NC}_t(\tau)$ に対して線形増加する．

単純計算（SC）モデル，単純電力消費（SPC）モデル，および拡張単純電力消費（ESPC）モデルをもとにして，システム全体の消費電力を節減するように計算ピアを配置するアルゴリズムが，文献70),72) で提案されている．また，文献74),75) では，システム全体の消費電力を節減するように，通信ピアおよび一般ピアをシステム内のコンピュータに配置するアルゴリズムが提案されている．

これまでのアルゴリズムは，計算時間や通信時間の短縮，スループットの最大化など，システムの性能面の向上を目指してきた．これに対して，今後は性能目標に加えて，消費電力の節減が大きな課題になってくる．

引用・参考文献

1) Mils, D.：Improved Algorithms for Synchronizing Computer Network Clock, IEEE Transactions on Networks, Vol.3, No.3, pp.245–254（1995）
2) Fischer, M. J., Lynch, N. A. and Peterson, M. S.：Impossibility of Distributed Consensus with One Faulty Process, Journal of the ACM, Vol.32, No.2, pp.374–387（1985）
3) 小倉久和：形式言語と有限オートマトン入門——例題を中心とした情報の離散数学, 共立出版（1996）
4) Lamport, L.：Time, Clocks and the Ordering of Events in a tem, Communications of the ACM, Vol.21, pp.558–565（1978）
5) Mattern, F.：Virtual Time and Global States of Distributed Systems, North-Holland, pp.215–226（1989）
6) IBM Corporation：What is Systems Network Architecture（SNA）?, Networking on z/OS, http://publib.boulder.ibm.com/infocenter/zos/basics/index.jsp?topic=/com.ibm.zos.znetwork/znetwork_151.htm（2010）
7) Malamud, C.：Analyzing Decnet/Osi Phase V, Van Nostrand Reinhold Computer（1991）
8) International Organization for Standardization：Information Technology — Open Systems Interconnection — Basic Reference Model: The Basic Model, ISO/EIC 7498-1（1994）
9) 滝沢 誠, 中村章人 訳：OSIプロトコル技術解説, ソフト・リサーチ・センター（1993）【原著】Jain, B. N. and Agrawala, A. K.：Open Systems Interconnections, Elsevier Science（1990）
10) Hassan, M. and Jain, R.：High Performance TCP/IP Networking — Concept, Issues, and Solutions, Person Prentice Hall（2004）
11) 滝沢 誠, 桧垣博章, 立川敬行：TCP/IP入門技術講座, ソフト・リサーチ・センター（1998）
12) Metcalfe, R. M. and Boggs, D. R.：Ethernet: Distributed Packet Switching for Local Computer Networks, Communications of the

ACM, Vol.19, Issue 7, pp.395–404（1976）
13）Institute of Electrical and Electronic Engineers（IEEE）：IEEE Standards for Local Area Networks: Carrier Sense Multiple Access With Collision Detection（CSMA/CD）Access Method and Physical Layer Specifications, ANSI/IEEE（1985）
14）Institute of Electrical and Electronic Engineers（IEEE）：802.4-1990 – Standard for Token-Passing Bus Access Method and Physical Layer Specifications, ANSI/IEEE（2011）
15）Institute of Electrical and Electronic Engineers（IEEE）：802.5-1989 – IEEE Standards for Local Area Networks: Token Ring Access Method and Physical Layer Specifications, ANSI/IEEE（2011）
16）Simpson, W.（Ed.）：The Point-to-Point Protocol（PPP）– Request for Comments（RFC）1661, Internet Engineering Task Force（IETF）（1994）
17）Postel, J.（Ed.）：Internet Protocol – Request for Comments（RFC）791, Internet Engineering Task Force（IETF）（1981）
18）Postel, J.（Ed.）：Transmission Control Protocol – Request for Comments（RFC）793, Internet Engineering Task Force（IETF）（1981）
19）Postel, J.：User Datagram Protocol – Request for Comments（RFC）768, Internet Engineering Task Force（IETF）（1980）
20）Klensin, J.：Simple Mail Transfer Protocol – Request for Comments（RFC）5321, Internet Engineering Task Force（IETF）（2008）
21）World Wide Web Consortium（W3C）：W3C standards, http://www.w3.org/（2013）
22）Fielding, R., Gettys, J., Mogul, J., Frystyk, H., Masinter, L., Leach, P. and Berners-Lee, T.：Hypertext Transfer Protocol – HTTP/1.1 – Request for Comments（RFC）2616, Internet Engineering Task Force（IETF）（1999）
23）Institute of Electrical and Electronic Engineers（IEEE）：802.11-1999 – Part 11: Wireless LAN Medium Access Control（MAC）and Physical Layer（PHY）Specifications, ANSI/IEEE（2003）
24）Postel, J.（Ed.）：Internet Control Message Protocol – Request for Comments（RFC）792, Internet Engineering Task Force（IETF）（1981）
25）Plummer, D. C.：An Ethernet Address Resolution Protocol – Request for Comments（RFC）826, Internet Engineering Task Force（IETF）（1982）
26）Bellman, R. E.：Dynamic Programming, Princeton University Press

(1957)
27) Ford, L. R. and Fulkerson, D. R. : Flows in Networks, Princeton University Press (1962)
28) Malkin, G. : RIP Version 2 – Request for Comments (RFC) 2453, Internet Engineering Task Force (IETF) (1998)
29) Coulouris, G., Dollimore, J., Kindberg, T. and Blair, G. : Distributed Systems — Concepts and Design, Person (2012)
30) Rodrigues, L., Guerraoui, R. and Schiper, A. : Scalable Atomic Multicast, Proceedings of the Seventh International Conference on Computer Communications and Networks (IC3N'98), pp.840-847 (1998)
31) Ghosh, S. : Distributed Systems — An Algorithmic Approach, Chapmam & Hall/CRC Taylor & Francis Group (2006)
32) Cotton, M., Vegoda, L. and Meyer, D. : IANA Guidelines for IPv4 Multicast Address Assignments – Request for Comments (RFC) 5771, Internet Engineering Task Force (IETF) (2010)
33) Kaashoek, F. and Tanenbaum, A. S. : Group Communication in the Amoeba Distributed Operating System, Proceedings of the 11th International Conference on Distributed Computer Systems, pp.222-230 (1991)
34) Chang, J. and Maxemchuk, N. : Reliable Broadcast Protocol, ACM Transactions on Computer Systems, Vol.2, No.3, pp.251-275 (1984)
35) Birman, K. P., Schiper, A. and Stephenson, P. : Lightweight Causal and Atomic Group Multicast, ACM Transactions on Computer Systems, Vol.9, No.3, pp.272-314 (1991)
36) Birman, K. P. and Joseph, T. A. : Rliable Communication in the Presence of Failuers, ACM Transactions on Computer Systems, Vol.5, No.1, pp.47-76 (1987)
37) 滝沢 誠：リレーショナルデータベースシステム RDBMS 技術解説, ソフト・リサーチ・センター (1996)
38) Härder, T. and Reuter, A. : Principles of Transaction-oriented Database Recovery, ACM Computing Surveys, Vol.15, No.4, pp.287-317 (1983)
39) 木村博文：入門 SQL, ソフトバンクパブリッシング (2000)
40) Bernstein, P. A., Hadzilacos, V. and Goodman, N. : Concurrency Control and Recovery in Database Systems, Addison Wesley (1987)
41) Eswaren, K. P., Gray, J., Lorie, R. A. and Traiger, I. L. : The Notion of Consistency and Predicate Locks in Database Systems, CACM,

Vol.19, No.11, pp.624–637 (1976)
42) Bernstein, P. A., Shipman, D. W. and Rothnie, J. B : Concurrency Control in a System for Distributed Database (SDD-1), ACM Transactions on Database Systems, Vol.5, No.1, pp.18–51 (1980)
43) Ceri, S. and Owicki, S. : On the Use of Optimistic Methods for Concurrency Control in Distributed Database, Proceedings of the 6th Berkeley Workshop on Distributed Data Management and Computer Networks, pp.117–130 (1982)
44) Kung, H. T. and Robinson, J. T. : Optimistic Methods for Concurrency Control, ACM Transactions on Database Systems, Vol.6, No.2, pp.213–216 (1981)
45) Rahimi, S. K. and Haug, F. S. : Distributed Database Management Systems — A Practical Approach, Jone Wiley & Sons, Inc. (2010)
46) Skeen, D. : Nonblocking Commit Protocol, Proceedings of the ACM SIGMOD International Conference on Management of Data, pp.133–142 (1981)
47) Skeen, D. and Stonebraker, M. : A Formal Model of Crash Recovery in a Distributed System, IEEE Transactions on Software Engineering, Vol.9, Issue 3 (1983)
48) Lamport, L., Shostak, R. and Pease, M. : The Byzantine Generals Problem, Transactions on Programming Languages and Systems, Vol.4, No.3, pp.382–401 (1992)
49) National Bureau of Standards : Data Encryption Standard (DES), Federal Information Processing Standards No.46, National Bureau of Standards (1977)
50) American National Standards Institute (ANSI) : American National Standard for Financial Institution Key Management, Standard X9.17 (revised) (1985)
51) Lai, X. and Massey, J. : A Proposal for a New Block Encryption Standard, Proceedings of Advances in Cryptology — EUROCRYPT'90, pp.389–404 (1990)
52) Daemen, J. and Rijmen, V. : The Design of Rijndael : AES — The Advanced Encryption Standard, Springer (2002)
53) Rivest, R. : The RC4 Encryption Algorithm, RSA Data Security Inc. (1992)
54) Rivest, R. L., Shamir, A. and Adelman, L. : A Method for Obtaining Digital Signatures and Public-Key Cryptosystems, Communications

of the ACM, Vol.21, Issue 2, pp.120–126 (1978)
55) Sheneier, B. : Applied Cryptography (2nd Edn.), John Wiley & Sons (1996)
56) Rivest, R. : The MD5 Message-Digest Algorithm – Request for Comments (RFC) 1321, Internet Engineering Task Force (IETF) (1992)
57) National Institute of Standards and Technology (NIST) : Secure Hash Standard, NIST FIPS 180-2 + Change Notice to include SHA-224, Department of Commerce (1994)
58) CCITT Recommendation X.509 The Directory-Authentication Framework, International Telecommunications Union (1988)
59) Dierks, T. and Allen, C. : The TLS Protocol Version 1.0 – Request for Comments (RFC) 2246, Internet Engineering Task Force (IETF) (1999)
60) Ferraiolo, D. F, Kuhn, D. R. and Chandramouli, R. : Role-Based Access Control (2nd Edition), Artech House (2007)
61) Denning, D. E. R. and Denning, P. : Cryptography and Data Security, Addison-Wesley (1982)
62) Sandhu, R. S. : Lattice-Based Access Control Models, IEEE Computer, Vol.26, No.11, pp.9–19 (1993)
63) Powell, D. : Delta 4, a Generic Architecture for Dependable Distributed Computing, Springer-verlag (1991)
64) Chuang, C. and Kao, S. : Adjustable Flooding-based Discovery with Multiple QoSs for Cloud Services Acquisition, International Journal of Web and Grid Services (IJWGCS), Vol.7, No.2, pp.208–224 (2011)
65) Watanabe, K., Nakajima, Y., Enokido, T. and Takizawa, M. : Ranking Factors in Peer-to-Peer Overlay Networks, ACM Transactions on Autonomous and Adaptive Systems, Vol.2, No.3, pp.11:1–11:26 (2007)
66) Stoica, I., Morris, R., Karger, D., Kaashoek, M. F. and Balakrishnan, H. : Chord: A Scalable Peer-to-Peer Lookup Service for Internet Applications, 2001 ACM Conference on Applications, Technologies, Architectures, and Protocols for Computer Communications (SIGCOMM), pp.149–160 (2001)
67) Advanced Micro Devices (AMD) Inc. : ACP – The Truth About Power Consumption Starts Here, White paper, http://www.amd.com/us/Documents/43761D-ACP_PowerConsumption.pdf (2010)
68) Intel Corporation : Intel Xeon Processor 5600 Series: The Next Generation of Intelligent Server Processors, White paper, http://www.

intel.com/content/www/us/en/processors/xeon/xeon-5600-brief.html（2010）

69）Enokido, T., Ailixier, A. and Takizawa, M.：A Model for Reducing Power Consumption in Peer-to-Peer Systems, IEEE Systems Journal, Vol.4, No.2, pp.221–229（2010）

70）Enokido, T., Ailixier, A. and Takizawa, M.：Process Allocation Algorithms for Saving Power consumption in Peer-to-Peer Systems, IEEE Trans. on Industrial Electronics, Vol.58, No.6, pp.2097–2105（2011）

71）Enokido, T. and Takizawa, M.：An Extended Power Consumption Model for Distributed Applications, Proceedings of IEEE the 26th International Conference on Advanced Information Networking and Applications（AINA-2012）, pp.912–919（2012）

72）Enokido, T. and Takizawa, M.：Energy-Efficient Server Selection Algorithm Based on the Extended Simple Power Consumption Model, Proceedings of the 6th International Conference on Complex, Intelligent and Software Intensive Systems（CISIS2012）, pp.276–283（2012）

73）Enokido, T. and Takizawa, M.：The Evaluation of the Extended Transmission Power Consumption（ETPC）Model to Perform Communication Type Processes, Computing, Vol.95, Issue 10, pp.1019–1037（2013）

74）Enokido, T. and Takizawa, M.：Integrated Power Consumption Model for Distributed Systems, IEEE Trans. on Industrial Electronics, Vol.60, No.2, pp.824–836（2013）

75）Enokido, T., Ailixier, A. and Takizawa, M.：Energy-Efficient Server Clusters to Perform Communication Type Application Processes, Journal of Supercomputing（online）, DOI 10.1007/s11227-013-1025-5（2013）

76）Taniar, D., Leung, C. H. C., Rahayu, W. and Goel, S.：High-Performance Parallel Database Processing and Grid Databases, Wiley（2008）

77）Lynch, N. A.：Distributed Algorithms, Morgan Kaufmann（1996）

78）Tanenbaum, A. S. and Van Steen, W.：Distributed Systems: Principles and Paradigms, Pearson Education（2007）

79）Mullender, S.：Distributed Systems, ACM Press（1989）

80）Birman, K. P.：Reliable Distributed Systems, Springer（2005）

81）Raynal, M.：Distributed Algorithms for Message-Passing Systems, Springer（2013）

索引

【あ】

アクセス規則　　　　　　　　　99
アクセス権　　　　　　　112, 141
アクセス制御　　　　　　　　107
アクセスマトリクス　　　　　108
アクセスリスト　　　　　　　109
暗号化　　　　　　　　　　　102
暗号ブロック連鎖　　　　　　102
安全性クラス　　　　　　　　114
安全な通信路　　　　　　　　101

【い】

イーサネット　　　　　　　　 34
一般ピア　　　　　　　　　　149
イベント　　　　　　　　　　 14
因果順序配送　　　　　　　　 67
インタリーブ実行　　　　　　 72

【う】

嘘つき故障　　　　　　　　　120

【え】

遠隔手続き呼出し　　　　　　 12
エンティティ　　　　　　　　 27

【お】

応答時間　　　　　　　　　　 10
オブジェクト　　　　　　69, 141
オミッション故障　　　　　　119

【か】

開放グループ　　　　　　　　 55
拡散　　　　　　　　　　　　140
拡張単純電力消費モデル　　　156
カプセル化　　　　　　　　　141
可用性　　　　　　　　　98, 120
仮チェックポイント　　　　　124
完全性　　　　　　　　　　　 98

【き】

汚い読出し　　　　　　　　　 78
偽デッドロック　　　　　　　 87
揮発性記憶装置　　　　　　　122
基本マルチキャスト　　　　　 57
機密性　　　　　　　　　　　 98
客観的信用可能性　　　 143, 146
競　合　　　　　　　　　　　 74
強制アクセス制御　　　　　　112
強制アクセス制御規則　　　　115
強制アクセス制御モデル　　　117
共有メモリ　　　　　　　　　 7
距離ベクトル型　　　　　　　 44

【く】

空間多重化　　　　　　　　　122
クライアント　　　　　　　　 12
クライアント/サーバモデル
　　　　　　　　　　　　　　 12
クラス方式　　　　　　　　　 40
グループ通信　　　　　　　　 55

【け】

計算イベント　　　　　　　　 14
計算ピア　　　　　　　　　　149
ケーパビリティリスト　　　　109
決定論的プロセス　　　　　　 15
厳格な時刻印順序方式　　　　 89
厳格な二相ロック方式　　　　 83
厳格な履歴　　　　　　　　　 80
権限付与　　　　　　　　99, 142
権限付与者　　　　　　　　　108
原子的なマルチキャスト　　　 58

【こ】

合　意　　　　　　　　　　　131
合意プロトコル　　　　　　　131
公開鍵　　　　　　　　　　　104
孤児メッセージ　　　　　　　 18
故　障　　　　　　　　　　　119
　──の種類　　　　　　　　119
コネクション型　　　　　 48, 51
コネクションレス型　　　　　 53
コミッション故障　　　　　　119
コミットメント制御　　　　　 92
コンテンション方式　　　　　 33

【さ】

サーバ　　　　　　　　　　　 12
サービス　　　　　　　　　　 28
サービスアクセスポイント
　　　　　　　　　　　　　　 28
最小上界　　　　　　　　　　116
再送信　　　　　　　　　　　 11
最大下界　　　　　　　　　　116
サブネットマスク　　　　　　 40

【し】

時間多重化　　　　　　　　　122
時刻印順序方式　　　　　　　 88
自信度　　　　　　　　　　　148
支配関係　　　　　　　　　　115
終結プロトコル　　　　　　　 95
自由裁量　　　　　　　　　　142
自由裁量アクセス制御　　　　110
集中型　　　　　　　　　　　 12
集中システム　　　　　　　　 6
周波数分割多重　　　　　　　 32
主観的信用可能性　　　　　　143
受信イベント　　　　　　　　 14
受動的複製化　　　　　 127, 128
主複製プロセス　　　　　　　128
順序グラフ　　　　　　　　　 77
準能動的複製化　　　　 127, 130
紹　介　　　　　　　　　　　145
障　害　　　　　　　　　　　118
状　態　　　　　　　　　　　 14

状態遷移	14	知人ピア	141	**【は】**	
情報流制御	113	直列可能	77	パーミッション	141
署名付きビザンティン合意	137	**【つ】**		配送	56
自律的	140	通信イベント	14	バックオフ	33
真正性	106	通信ピア	149	**【ひ】**	
信用可能性	143	**【て】**		ピア	140
信頼性	120	停止故障	119	ヒープ	13
【す】		ディジタル証明書	106	非決定論的プロセス	15
スキュー	19	ディジタル署名	104	ビザンティン合意	120, 133
スタック	13	データ部	13	非同期型システム	11
ストリーム暗号	102	データリンク層	30	秘密鍵	104
スライディングウィンドウ方式	51	テキスト部	13	秘密鍵暗号	102
スリーウェイハンドシェイク	51	デッドロック	84	評判	146
		転送時間	9	平文	102
		転送速度	9	**【ふ】**	
【せ】		**【と】**		フォールトトレラント	119
静的経路制御	43	同期型システム	11	不確定状態	94
世界標準時間	19	同時	16	不可能性定理	11
セグメント	48	同時実行制御	71	不揮発性記憶装置	122
線形時間	20	動的経路制御	43	復号	102
先行関係	15	トークン	33	複製	127
全体状態	17	トークンバス	34	副複製プロセス	128
全体チェックポイント	124	トークンパッシング方式	33	不整合検索	73
		トークンリング	34	復旧可能	79
		トポロジ	31	物理時計	19
【そ】		トランザクション	69	フレーム	31, 36
送信イベント	14	トランスポート層	30	フロー制御	51
束モデル	115			ブロードキャスト	56
		【な】		ブロードバンド方式	32
【た】		雪崩現象	124	プロセス	13
ダイジェスト	105	**【に】**		プロセス間通信	7
対等なプロセス	140	二相コミットメント	92	プロセス複製	127
タイムアウト	10	二相ロック方式	82	ブロック暗号	102
多階層モデル	114	認証	100	ブロック状態	95
多重化	121	認証局	106	プロトコル	27
正しい全体状態	19			分散システム	3, 7
正しい全体チェックポイント	124			紛失更新	72
単純計算モデル	154	**【ね】**		**【へ】**	
単純電力消費モデル	156	ネットワークインタフェース層	30	平均修復時間	120
【ち】		ネットワーク層	30	平均障害間隔	120
チェックポイント	122	**【の】**		閉鎖グループ	55
チェックポイント方式	122	能動的複製化	127	並列システム	7
遅延時間	9			ベースバンド方式	32

索引

ベクタ時間		22

【ほ】

ポート番号		30, 48

【ま】

待ちグラフ		84
マルチキャスト		56
マンチェスタ符号		32

【む】

矛 盾		18

【め】

メッセージ通信		8

【ゆ】

有限状態機械		14
ユーザデータグラム		54
ユニキャスト		56

【ら】

楽観的同時実行制御		90

【り】

流出可能		115

【る】

ルータ		42
ルーティング		30, 38

【れ】

連鎖的アボート		79

【ろ】

ローカル状態		17
ローカル履歴		74
ロール		112
ロールバック		122
ロールベースアクセス制御		112
ロ グ		122
ロック方式		81
ロックモード		83
論理時間		20
論理時計		20

【A】

ACK		48, 49
ARP		38, 46

【C】

CIDR		41
CRC		36
CSMA/CA		38
CSMA/CD		33

【F】

FCS		36
FDDI		37

【G】

grant		111

【H】

happened-before		16

【I】

ICMP		38, 47
IP		30, 38
IP アドレス		30, 39
IPv4		38

【M】

MAC アドレス		35
MTBF		120
MTTR		120
MTU		45

【N】

NIC		35
NTP		9

【O】

OSI 参照モデル		27

【P】

PAD		36
PCI		29
PDU		29
PPP		37
PPPoE		37
P2P システム		141
P2P モデル		139

【R】

revoke		111
RIP		44
RPC		13

【S】

SAP		28
SDU		29

【T】

TCP		30, 48
TCP/IP		29
TCP/IP プロトコルスイート		29
TLS		106

【U】

UDP		30, 53

【W】

WDM		32

―― 著者略歴 ――

滝沢　誠（たきざわ　まこと）
1973 年　東北大学工学部応用物理学科卒業
1975 年　東北大学大学院工学研究科修士課程修了（応用物理学専攻）
1975 年　財団法人日本情報処理開発協会勤務
1984 年　工学博士（東北大学）
1986 年　東京電機大学教授
2008 年　成蹊大学教授
2013 年　法政大学教授
　　　　現在に至る

榎戸　智也（えのきど　ともや）
1997 年　東京電機大学理工学部経営工学科卒業
1999 年　東京電機大学大学院理工学研究科修士課程修了（システム工学専攻）
1999 年　株式会社 NTT データ勤務
2003 年　博士（工学）（東京電機大学）
2003 年　東京電機大学助手
2005 年　立正大学講師
2007 年　立正大学准教授
2013 年　立正大学教授
　　　　現在に至る

成蹊大学アジア太平洋研究センター叢書

分散システム：P2P モデル
Distributed Systems : Peer to Peer Models
　　© Seikei University Center for Asian and Pacific Studies 2014

2014 年 4 月 21 日　初版第 1 刷発行

検印省略

著　者　滝　沢　　　誠
　　　　榎　戸　智　也
発行者　株式会社　コロナ社
　　　　代表者　牛来真也
印刷所　三美印刷株式会社

112-0011　東京都文京区千石 4-46-10
発行所　株式会社　コロナ社
CORONA PUBLISHING CO., LTD.
Tokyo Japan
振替 00140-8-14844・電話(03)3941-3131(代)

ホームページ http://www.coronasha.co.jp

ISBN 978-4-339-02477-7　（新井）　（製本：愛千製本所）G
Printed in Japan

本書のコピー，スキャン，デジタル化等の無断複製・転載は著作権法上での例外を除き禁じられております。購入者以外の第三者による本書の電子データ化及び電子書籍化は，いかなる場合も認めておりません。

落丁・乱丁本はお取替えいたします